全新知识大搜索

能源工程

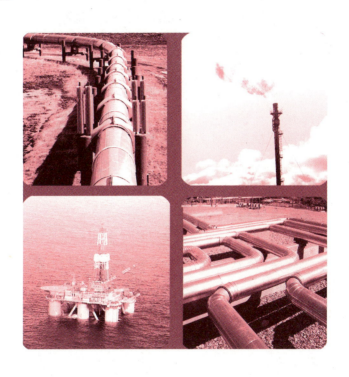

李方正　主编

吉林出版集团股份有限公司

前言

　　当今世界上能源的三大支柱仍是煤炭、石油和天然气，它们构成了化石能源（不可再生能源）的主体。化石能源的生产和消费，促进了全球经济发展和社会进步，同时也带来了对生态环境的不良影响和破坏。再加上这三种能源的有限性，要保持人类社会的可持续发展，就必须大力开展能源领域的基础研究，以及高新科技的研究与开发，建立优质、高效、洁净、低耗的能源系统。自1973年中东战争引发第一次石油危机以来，世界能源进入了从以化石能源为主向以可再生能源为基础的系统转变，这将是一个漫长过程，需时100年左右。

　　在世界能源比例中，煤炭储量丰富，石油、天然气资源相对不足。而中国更是一个富煤的国家。专家们分析认为，一次能源在近期、中期（2030年），仍以煤炭为主，远期（2050年）将形成化石能源、核能、太阳能等新能源的多元能源结构。

　　从目前世界各国的能源结构看，所有工业化国家均以油气燃料为主，这是提高能源效率、降低能源系统成本、减少环境污染和提供优质服务的选择，也是当今世界能源发展的一个基本趋势。工业化国家的几十年实践表明：电力增长越快，一次能源需求增长就越慢，单位国内生产总值(GDP)消耗就越少，所造成的环境污染也就越少。节约能源，提高能源利用效率，也是世界能源发展的一个基本趋势。因此，全球正在发展先进的科学技术，加快提高一次能源转换成二次能源的比重。

　　在目前大量消耗煤炭能源的同时，必须使用物理和化学方法，以及高新技术，将煤炭转化为二次能源或终端消费的能源，这是保护生态环境，实施可持续发展能源战略的根本保证。

　　目前世界各国都十分重视能源科学技术的发展，重点是可持续发展的能源系统研究,它包括现有能源的低污染利用、新能源开发和环境协调的能源系统。

一些能源专家认为,太阳能、风能、核能、地热能、波浪能和氢能这六种新能源,在今后将会优先获得开发利用。

太阳能:太阳能的利用形式很多,例如太阳能集热为建筑供暖、供热水,用太阳能电池驱动交通工具和其他动力装置等,这些都属于太阳能小型、分散的利用形式。太阳能大型、集中的利用形式,则是太空发电。

风能:风能是一种古老能源。风能利用技术不断革新,使这种丰富的无污染的能源重放异彩。据估计,20～30年内,风力发电量将要占欧共体总发电量的12%。

核能:核能的开发利用是人类能源历史上的一次巨大飞跃。能源专家评价,在未来多元化的能源结构中,核能代替常规能源将势在必行,核能的地位将会逐渐提高,成为未来能源发展的一个重要方向。

地热能:目前世界上已有近200座地热发电站投入了运行,装机容量达数百万千瓦。研究表明,地热能的蕴藏量相当于地球煤炭储量热能的1.7亿倍,可供人类消耗几百亿年。

波浪能:主要的开发形式是海洋潮汐发电。法国的潮汐发电量已占总发电量的1%。目前世界沿海国家,都在大力发展波浪发电。

氢能:氢是宇宙中含量最丰富的元素之一,用水就可以取出无穷无尽的氢。

本书将展示目前和理想中的能源开发利用的新方法、新技术,供读者阅读。

目录
MuLu

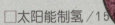
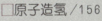
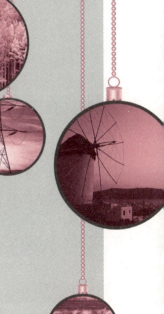

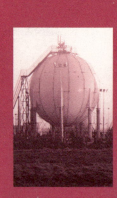

第一章　　化石能源的新科技

煤在能源中占有重要地位，但煤与石油、天然气等相比较，存在开采难度大，能量利用效率不高，运输不便，直接燃烧会污染环境等缺点。因此，大规模使用煤作为能源，必须在技术上采取相应对策。应该寻求新的煤炭利用方法，如硫化床燃烧，制造无硫燃料，发动机用的液体燃料，天然气代用品——煤气等。利用石油化工采用的气体与液体产品的加工方法，从煤中提取化工原料。

煤的液化和汽化是大有发展前途的，但技术难度较大，一时难以有重大的突破。

煤的液化就是由溶剂将精制煤变成轻油，可代替石油。主要有三种方法：石油合成法、添氢法、干馏法。

煤的地下汽化，即使煤在地下燃烧，直接生成可燃气体输送到地面上，这是近年出现的一项更为诱人的新技术。地下汽化法是传统采煤方法的革命，矿工不再需要下井，安全性高，投资少，而且煤炭开采率高。

煤的汽化就是让煤与燃气、氧或空气发生反应，制造出含有一氧化碳、氢、甲烷的气体。其中低卡气主要用来做发电用燃料，高卡气用来供应城市或制造合成氨和氢。德国这方面技术已经过关，近来美国、日本等也急起直追。

煤的汽化技术，可促进发电技术的进步，但煤汽化后作为发电用燃料，其转换效率比直接烧煤低 $70\% \sim 80\%$。美国已研制了废热回收循环设备，这也是今后主要的发展方向。

目前经济条件及技术水平尚不能实现工业开采的"非常规石油"、"非常规天然气"，在世界各地分布甚广，现在也越来越接近被开发利用的边缘了。

由于海洋开发石油、天然气，是在特殊的自然环境和工作条件下进行，就决定了海上石油勘探开发必然是技术高度密集型的。因此，可以采用先进工艺和装备，海上地震将发挥更加重要的作用，海上钻井将发展深水钻井、定向钻井，并确保一次成功。由于海洋石油勘探技术的兴起，使海底石油和天然气的勘探与开采得以实现，这样，地球上的石油储量将大幅度地增加。

煤的汽化

　　煤炭是几亿年前到几千万年前，地球上的植物被埋在地下，经过压力和高温等地质作用，逐渐碳化变成的。不同的地质年代，地球上生长的植物不一样，再加上生成煤的条件又有所不同，因此人们才能见到褐煤、烟煤和无烟煤等多种煤炭。但是，无论哪种煤，全都是固体，使用和运输都不方便。直接烧煤，热效率低，浪费大，同时还会放出二氧化硫和氧化氮等有害气体，严重污染环境。

　　为了改变以上状况，最好的办法就是把固体的煤炭变成气体，或者变成液体来使用。这样既可以提高热效率，又不会污染环境。

　　煤的汽化，是借助水蒸气、空气或者氧气等气体，在高温条件下，把煤炭里的大分子结构打碎，变成小分子的可以燃烧的气体。

　　煤的汽化，可以追溯到1883年，英国建起了世界上第一个大型汽化炉，叫伍德炉。到今天为止，人类探索研究煤的汽化工艺不下几百种。20世纪 30 年代，德国发明了温克勒硫化床汽化炉和鲁奇加压汽化炉，用来生产城市煤气。第二次世界大战期间，为了军事上的需要，纳粹德国用煤汽化所生产的气体曾经合成了汽油。20 世纪 60 年代以后，进入了天然石油时代，汽化用的大部分原料就从固体的煤炭转向液体石油。1973 年以后，由于天然石油供应紧张，因此，煤的汽化技术的研究，又进入一个新的历史阶段。

在煤的汽化工业中，从煤里提取出来的煤气，有的用做燃料，成为优质高效，无污染的能源，有的成为化工原料，制成各种化工产品。

如果汽化所生产的煤气是用来做燃料，那就必须使煤中的碳同水蒸气的氧发生化学反应，即以碳氧的反应为主，第一步先生成氧化碳，然后让它再同水蒸气继续发生化学反应，生成氢气和二氧化碳混合气体，经过洗涤，除去二氧化碳，剩下比较纯净的氢气。最后，再同煤中的碳发生化学反应，生成的就是人们需要的气体燃料——甲烷气。

如果汽化生产的煤气是用来做化工原料，就应该减少甲烷的含量，增加氢气的含量。

汽化的初期阶段，大部分灰分变成了灰渣，从汽化炉下面排出去了，只有少部分灰分和氮、硫等元素一起参加化学反应过程。为了保证汽化煤气的质量，减少环境污染，必须把煤气再做净化处理。

一般来说，人们把中热值煤气和高热值煤气用于城市煤气，低热值煤气可用在化工合成上，也可用做联合循环发电的燃料。

煤的液化

　　煤与石油相比，无论从运输和储存方面来看，还是就其通用性而言，都有许多不足之处。

　　早在第一次世界大战期间，交战双方都痛感石油的重要，贫油的德国千方百计的企图把煤变成石油一样的液体燃料，即人造石油。经过德国科学家的努力，为煤的液化奠定了初步基础。

　　煤的液化，就是在一定的工艺条件下，通过各种化学反应，把固体的煤炭变成液体的燃料。煤怎样能变成石油呢？原来煤和石油都是由碳、氢及少量其他元素组成的，但这些元素的比例不同，煤的分子量比石油的大得多。只要设法改变碳氢比例，并将煤热解成较小的分子，煤就会变成石油样的液体燃料。地质年代越浅的煤，元素组成与石油越相似，其液化也就越容易，如褐煤比烟煤、无烟煤容易液化。

再说的具体一些，虽然煤和石油的化学成分基本上相同，都是由碳、氢、氧等化学元素组成的。石油的主要成分是碳和氢，硫和氧的含量特别少。而煤却是一种复杂的混合物，它的分子量很大，是石油的10倍，甚至更多。

煤炭跟石油的另一个主要区别是，它们所含的碳原子的数目和氢原子的数目之比各不相同，煤的碳、氢原子比大约是石油的两倍。也就是说，煤里的碳原子的数目比石油的多，而氢原子的数目却比石油的少。但是，煤里的氧原子和氮原子的数目又比石油的多很多。另外，从分子结构上来看，煤里的碳原子主要是呈环状形式结合在一起的，而石油的分子结构却主要是链条式。

因此，科学家就可以选择一定的条件，像高温、高压等条件，往煤的分子里加进大量的氢元素，把煤里的大分子变成小分子，使它的结构跟石油差不多。这就是煤的液化原理。

煤的液化反应实际上很复杂，要在 $400℃\sim480℃$，100 个大气压到 300 个大气压的条件下，才能够进行。煤受热后，有一部分直接变成油，一部分先变成一种不太稳定的中间产物——"沥青烯"，沥青烯再与氢气反应生成油。不过，煤并不是全部变成了油，其中那些不参加液化反应的物质，像煤里的灰分等，也混在里面。因此，液化反应以后，还得把这些东西从油里分离出去。这时所得到的液化油是暗褐色的，还不能直接用作燃料，还需送到炼油厂再加工。

细心的人不难发现，在一块煤上有很多层，有的乌黑发亮，有的暗淡无光。在煤岩学上，那黑色发亮的部分叫亮煤，又叫镜煤。它很容易被液化，因此人们管它叫活性组分。那些不容易或不能被液化的部分，人们称它为惰性组分，惰性组分不能变成石油，最后成渣子，可用来制取氢气。

煤的液化技术

　　煤的液化技术，从开发到现在，已经近一个世纪的历史了。研究的工艺不下几十种。大体上可以分成两大类：一类是直接液化法；另一类是间接液化法。

　　直接液化法，就是把煤和溶剂混合在一起，制成稀粥一样的煤浆，经过加氢裂解反应，直接变成液体的油，目前许多国家都在积极探索和研究这种方法。

　　间接液化法，不是直接得到液体油，而是先把煤炭变成一氧化碳和氢气，也就是煤的汽化，然后再把这两种混合气体合成为液体燃料。现在这种方法已经开始工业化生产。

　　液化煤炭技术的几种方式如下：

　　1.间接液化法（费—托法）　先在汽化器中用蒸汽和氧气把煤汽化成

一氧化碳和氢气,然后再在较高的压力、温度和存在催化剂的条件下反应生成液态羟。

南非(阿扎尼亚)1956年投运的第一座费希—托洛希煤炭液化工艺的工厂,是世界上唯一具有商业规模的液化厂。日产液化煤炭1万桶,产品包括重油、柴油、煤油和汽油等。

用费—托法生产液态燃料,需要经过汽化和液化两段流程,生产工艺繁杂,液体产品的收集率不高,每吨原料煤只能出1.5桶液体产品。

2.氢化法 分直接加氢液化法和溶剂萃取法两类,是煤炭液化技术的研究重点。

(1)直接加氢液化法 这一液化方法的代表性技术是美国羟研究公司的氢—煤法。它要通过催化剂的帮助,直接加氢从煤中制取液体燃料,每吨煤可生产液体燃料3桶。

氢—煤法能否投入工业生产的关键,是要提供廉价的催化剂和大力降低氢气的耗量。现在的技术,用氢—煤法每处理1吨原料煤需要消耗600立方米的氢气,比其他液化方法高得多,从而影响其生产成本的降低。

(2)溶剂萃取法 美国发展的溶剂精制煤法,是利用载氢能力好的蒽油和反应过程中产生的重质油对煤进行萃取,得到灰分和硫含量很低的固体溶剂精制煤或液体燃料。这种方法不使用催化剂,每吨原料煤可生产2.5~3桶液体产品。

3.热解法 也称炭化法,是从煤获取液体燃料最老的一种方法。但是,现在研究热解法的目的已经成为获取液态产品的手段了,而固态和气态产品则仅仅是这种方法的副产品。

这种方法采用多段硫化床热解技术,不用催化剂,也不用溶剂萃取,但油和收集率低,只有20%,半焦占60%,还副产一些煤气。

高效节煤技术

　　经过洗选的原煤，平均灰分大约降低30％，也就是说，1吨原煤，不能烧的东西只占1/4多一点。如果原煤不经洗选，就不可能达到这么好的技术指标。所以煤矿上多建一些洗煤厂，把煤洗选后成为净煤再往外运，这样光灰分就降低了5％，可减少热量损失。

　　在燃烧方面，现在大力推广应用沸腾炉烧煤矸石、石煤等劣质燃料，同时从烧烟煤发展到充分利用褐煤和无烟煤，这样可以节约优质煤，提高劣质煤效率，可以做到经济实惠。

　　近一个世纪以来，由于钢铁工业的迅速发展，世界上许多国家都感到，炼焦煤，特别是炼焦煤里的强黏结煤供不应求。为了解决这个问题，人们正在从两个方面进行探索和研究，一是积极开发新的炼焦技术，寻找新的替代原料；二是合理利用现有的炼焦煤资源，尽量做到产销对路，物尽其用。炼焦煤必须先经过洗选，目前由于洗选能力很低，浪费现象比较严重。

据统计，近年来中国有70%左右的炼焦煤没有送去炼焦，而是作为动力煤烧掉了，这是非常可惜的。因此增加洗选设备，提高洗选能力，同时适当控制炼焦煤的产量，把采出来的炼焦煤都用来炼焦，这是当前在煤的合理利用方面很有经济效益的一项工作。

用无烟煤代替焦炭来生产合成氨，每生产1吨合成氨就能节省2吨半煤，成本也降低60元左右。用无烟煤做高炉炼铁的喷吹燃料，每喷进1吨无烟煤粉所节省下来的焦炭，就相当于2.7吨的原煤。

直接烧煤，很难完全烧尽，总得留下炉灰、炉渣。例如烧煤的电厂，一般炉灰、炉渣的含碳量最少也有10%，高的可达20%，甚至30%，煤炭的损失很大，热效率也低，平均为30%。为什么会这么低呢？主要同直接烧煤有关。如果把煤炭液化或汽化燃烧，就可以提高热效率了。把煤变成液化油，它的总热效率比直接烧煤高出10%；把煤变成气体燃料来用，它的热效率比直接烧煤的锅炉的热效率高出10%，比民用炉灶的热效率高出一倍以上。

煤矸石的利用也是合理利用煤炭的课题之一。到目前为止，各国煤矿矿山的煤矸石，日积月累，堆积如山，不仅占用大量土地，也污染环境，有时甚至还会着火或者造成崩塌事故。然而煤矸石并不是废物，它是一种潜在的矿产，既能够当燃料，又含有一些有用的成分。例如，它可以做砖和水泥等建筑材料，可以用来修路造地，改良土壤，提取有用的化学元素等。

煤电洁净技术

　　煤的应用推动了人类社会的进步，又给人类带来了一系列的环境污染问题，危及生态平衡与人类的生存。

　　煤燃烧后进入大气的悬浮粒子，包括灰粒子、微量金属和碳氢化合物、烟等，对人类的健康威胁最大。煤燃烧时排放的二氧化硫（SO_2）是大气污染的元凶。

　　正因为煤炭燃烧后给自然界带来各种污染，所以洁净煤技术应运而生，成为当今世界解决煤炭利用和环境问题的主导技术，在各工业发达国家得到高度重视与大力发展。

　　洁净煤技术应包括煤炭使用各环节的净化和防治污染的技术。

　　1.燃烧前的处理和净化技术

　　（1）洗选处理　这是除去或减少原煤中所含的灰分、矸石、硫等杂质，并按不同煤种、灰分、热值和粒度分成不同品种等级。

（2）型煤加工　是用机械方法将粉煤和低品位煤制成具有一定粒度和形状的煤制品。高硫煤成型时可加入适量固硫剂，以减少二氧化硫的排放。型煤比烧散煤热效率提高1倍，节约煤20％～30％，烟尘和二氧化硫减少40％～60％，一氧化碳减少80％。

（3）水煤浆　这是20世纪70年代发展起来的一种以煤代油的新燃料，它是把灰分很低而挥发分高的煤，研磨成250～300微米的煤粉。按煤约70％，水约30％的比例，加入0.5％～1.0％的分散剂和0.02％～0.1％的稳定剂配制而成的。水煤浆可以像燃料油一样运输、贮存和燃烧。

2.燃烧中的净化装置

（1）先进的燃烧器通过改进电站锅炉以及工业锅炉和窑炉的设计和燃烧技术，以减少污染物排放，并提高效率。中国已开发出新型小容量（热功率1千瓦以上）煤粉燃烧器，燃烧效率达95％以上，在50％负荷条件下仍能稳定燃烧，且煤种适应性广，脱硫装置正在开发中。

（2）硫化床燃烧器是把煤和吸附剂（石灰石）加入燃烧的床层中，从炉底鼓风使床层悬浮，进行硫化燃烧。硫化形成湍流混合条件，从而提高燃烧效率；石灰石固硫减少二氧化硫排放；较低的燃烧温度（830℃～900℃）使低氮氧化物生成量大大减少。

3.燃烧后净化

烟气净化包括二氧化碳、低氮氧化物和颗粒物控制，其中烟气脱硫有湿式和干式两种方法。湿法一般是用石灰水沐洗烟尘，二氧化硫变成亚硫酸钙浆状物；干法是用浆状脱硫剂喷雾，与烟气中的二氧化硫反应，生成硫酸钙，水分干燥颗粒用集尘器收集。

褐煤用途多

　　褐煤是一种只经过岩化作用（由泥炭变成为褐煤的作用）的煤。它最轻，1立方米褐煤的重量仅有1.1～1.4吨，比水重不了多少。褐煤最疏松，用手一捏就会碎成粉末，刚从矿井中挖出的褐煤块，一见阳光就会风化成煤粉。褐煤的发热量最低，一般只有2300～4050大卡，但易燃烧，燃烧时冒出浓重的黑烟，而火力不强，用做燃料的价值不大；水分含量最高，一般可达10%～30%，而挥发分含量很高，可以达到40%～55%。

　　所以一提起褐煤，就会认为它质量不好，用处不大。其实褐煤的用途十分广泛，不仅可以做动力燃料，而且还可以用于汽化、液化、炼焦和提取化工产品；同时，褐煤储量丰富，一般埋藏较浅，构造简单，开采成本相对较低。因此，世界各国都日益重视褐煤的勘探和开发，产量不断增加。

目前，世界褐煤产量的大部分用于发电。由于褐煤的发热量较低，且水分含量高，发电耗煤量大，所以一般都在矿区附近建坑口电站。近年来，有的国家还将褐煤干燥破碎，制成粒度在0.1毫米以下的干燥褐煤粉，成为易燃性很强的燃料，用于高炉喷吹，可节省焦炭。

在高温下，褐煤与气体（如氧、二氧化碳）有较强的化学反应性，能使煤中的有机质转变成可燃气体。目前，已有不少国家，用褐煤生产城市民用煤气和合成原料气，有的国家用褐煤生产的煤气占城市煤气总消费量的60%以上，煤气的发热量可达每立方米4000大卡，完全合乎要求。用褐煤生产的合成原料气，是重要的有机化工原料，可以制取氮肥、氢气、塑料、聚脂和甲醇等化工产品。

在褐煤中加适量的黏结剂炼焦，焦炭的发热量可达每千克7000大卡，也是一种高热值无烟民用燃料。此外从炼焦中可回收比烟煤还要多的炼焦油、氨水、焦炉煤气等副产品。

褐煤含有丰富的褐煤蜡和腐植酸。低级褐煤的蜡和腐植酸含量可分别达到12%～15%、35%～40%。褐煤蜡是制造涂料、油漆、橡胶添加剂、润滑油和高级蜡纸的原料。据报道，德国年产褐煤蜡4万吨，出口到40多个国家，基本上垄断了国际市场。

褐煤腐植酸，在农业上可制取腐植酸肥料，具有提供养料、改良土壤和刺激植物生长的作用。在地质钻进中，褐煤腐植酸用做泥浆的调整剂，可以调节和维护泥浆的工艺性能，提高钻进效率。此外，褐煤中还有丰富的稀散元素（如镓和锗），往往成为回收锗和镓的重要原料。

沸腾燃烧锅炉

　　沸腾燃烧锅炉又叫沸腾炉。它的最大优点是可以燃烧低热值的劣质煤、煤矸石、油页岩等燃料。普通煤的热值为5000～6000千卡／千克，而这些低热值燃料仅为1000千卡／千克左右，所以在普通锅炉中难以燃烧。多年来，产煤矿区煤矸石堆积如山，"食之无味，弃之可惜"。有些地区蕴藏着丰富的石煤资源，因无法利用，还需经年不断从外地运来煤炭，造成运输紧张、运费昂贵的局面。沸腾炉的问世，为我们有效地利用这些燃料开创了一条崭新的道路。

　　什么是沸腾炉呢？它为什么能够使用普通锅炉难以点燃的劣质燃料呢？要回答这个问题，还是先从普通锅炉的结构和燃烧方式说起吧！

　　普通燃煤锅炉燃烧方式有两种：层燃和煤粉燃烧。层燃就是将煤破碎成核桃大到拳头大的煤块，放在炉篦上，从篦下鼓入空气，使煤块充分燃烧。由于煤块之间没有相对运动，煤块较大，所以不易点着，不易烧透，必须使用较好的煤，一般劣质煤无法使用。

煤粉炉是把煤磨成米面一样粗细的煤粉，用空气喷入炉膛燃烧。燃烧时煤粉随空气一起飘动。相同重量的燃料，煤粉与空气接触面积比煤块大了几百倍，因而能很快点火，烟气温度也较层燃炉高，但如果煤粉在炉膛内停放时间太短，则不易燃尽。同时也不能使用劣质煤。

沸腾炉的炉膛内存有大量炽热灰渣，添加进去的煤粒与炽热灰渣混合，在通过炉箅向上吹的空气搅动下，上下左右来回翻腾运动就像开了锅一样，因此叫沸腾燃烧锅炉。由于料层厚、蓄热量大，而煤粒只占混合物的5％左右，所以煤粒添加入炉膛和炽热灰渣一经混合，煤粒温度很快上升，便于点火燃烧。即使是多灰分、多水分、低热值的劣质燃料，也能在炉内稳定燃烧。

沸腾炉中采用的煤炭颗粒，比层燃炉小，比煤粉炉大。因此它与空气接触面积比层燃炉大，而在炉膛内停留时间比煤粉炉长。一身兼备层燃炉和煤粉炉的优点，加上料层蓄热量大，相互间强烈混合，所以在较低炉温下也能将料层中难燃煤粒烧透。

沸腾炉除能烧劣质煤这一显著优点外，它还比相同蒸汽产量的普通锅炉使用的钢材少，锅炉体积小，初次投资少。

采用沸腾炉技术可以搞煤矸石的综合利用。利用沸腾炉燃烧后的煤矸石炉渣，加入废、次盐酸后，能制取结晶氯化铝、固体聚合铝等国家急需的化工产品。利用沸腾炉燃烧石煤后，炉渣不但可用做水泥的掺和料、混凝土，制碳化砖瓦，还可以作为肥料。

海上石油开发新技术

　　海上石油开发技术包括勘探、钻井和生产技术。作为勘探技术主要是板块构造学、地震地层学、地球化学和地震模拟等，特别是地震勘探不仅扩大了石油勘探的靶区范围，而且使勘探成功率大为提高。钻井和生产技术的新领域包括深海石油钻探、开发，以及极地海区的石油开发等。

　　最初在海上钻探石油时，钻井机大都设在岸上，斜着向海底钻井，这当然不能向较远的海区发展。后来建造了一种像码头一样的平台，用打桩法或用浮筒法把平台的脚柱固定在海底。但平台造价很高，在水深浪大、离岸较远的海区也不易应用。人们为了向更远更深的海域发展，后来又设计了不少钻井平台，例如在平台上装有数个脚柱，立在海底，可升可降。这种升降式的钻井平台可在水深30～90米的海区工作，但在海底质地松软的情况下，钻探结束后不易拔出脚柱。浮动式的钻井平台用锚固定，只能用于平稳的海面。半潜式的钻井平台是把平台安在数个浮箱上,在工作时浮箱灌水下沉,移动时浮箱充气就可以飘浮航行。这种钻井平台性能较好,是目前采用较广的一种。

海上石油开发技术的发展,使海上钻探能力有了显著的提高,出现了许多新的纪录。目前海上最深的石油钻井在美国墨西哥湾路易斯安那近海,井深达7613米。该海域一座产油最高的平台(水深312米)日产石油为5000吨,天然气为300万立方米。最深的海上石油钻探是在美国东海岸,钻探水深2009米。这口井由"发现者七海"号钻探船作业,钻井水深能力可达到2400米。目前最大的钻井平台面积为9760平方米(长112米,宽80米,高41米),价值为5000万美元。而规模最大的平台为雪弗龙石油公司的尼尼安平台,总重量达60万吨,现正在英国北海油田作业。最大的半潜式平台为日本和挪威合造的阿克H-4.2的八腿平台(长102.5米,宽71.4米),排水量为3.294万吨。据报道,瑞典和英国正在设计世界上最大的半潜式平台(长170米、宽98米),排水量为14万吨,估计造价需2.25亿美元,已于1986年交付使用。目前海洋石油钻井装量在数量上自升式占多数,半潜式占第二位,其发展方向主要是提高安全性能和装量的综合性以及自动化、操作简单化的方向发展。

天然气采气工艺

天然气从地层采出到地面的全部工艺过程，简称采气工艺。它与自喷采油法基本相似，都是在探明的油气田上钻井，并诱导气流，使气体靠自身能量（源于地层压力）由井内自喷至井口。天然气比重极小，在沿着井筒上升的过程中，能量主要消耗在摩擦上。由于摩擦力与气体流速的平方成比例，因此管径越大，摩擦力越小。在开采不含水、不出砂、没有腐蚀性流体的天然气时，气井上有时甚至可以用套管生产。但在一般情况下，仍需下入油管。

天然气加工很简单，只需简单处理就可作为燃料或石油化工及化肥原料。有时只进行化学处理，清除硫化氢和二氧化碳后，就可送入输气管道。

中国是世界上最早使用木竹管道输送天然气的国家之一。1637年，明代宋应星所著《天工开物》中详细记述了用木竹输送天然气的方法："长竹剖开，去节、合缝、漆布，一头插入井底，其上曲接，以口对釜脐"。1600年前后，四川省自流井气田不仅在平地敷设管道，而且"高者登山，低者入地"，"凌空构木若长虹……纵横穿插，逾山渡水"。说明当时的天然气管道建设的技术已发展到一定的水平。

世界上其他国家的输气管道也经历了与中国相似的发展过程。18世纪以前，管道也采用木竹管道，19世纪90年代，才开始采用搭焊熟铁管径100毫米的天然气管道，1911年出现以乙炔焊接技术联结的钢管输气管道。初期的天然气管道输送全是利用天然气井井口压力，直到1880年才采用蒸汽驱动的压气机。20世纪初开始采用双燃料发动机的压气机给管道输天然气增压，输气压力由0.6千帕逐渐上升到4.0千帕。随着现代科学和工程技术的发展，世界各国对天然气需求量的增加，天然气管道向大口径、高压力、长距离和向海洋延伸的跨国管网系统发展。

1999年中国动工建设从新疆到上海的天然气输送管道，这项被称为"西气东输"的跨世纪工程，目前已经全部完成，开始输气了。

从目前世界天然气利用的总体情况来看，工业发达国家将天然气主要用于电力和民用，而发展中国家用于这两方面的比例较小；发达国家用天然气做化工原料的比例较小，但绝对量并不少。从世界范围来说，天然气不仅在一次能源结构中已占到约23%，而且已成为发电、工业、民用等部门不可缺少的燃料和化肥等化工部门的主要原料，并具有十分重要的战略地位。

油页岩工业的前景

　　由于化石能源是不可再生的能源，它的储量是有限的，用一点就少一点，同时也由于国际天然石油价格的不断上涨，尤以20世纪70年代石油危机的出现，所以用油页岩炼油是一种重要的常规能源的补充来源，同时可制取硫酸铵和酚类等化工产品，页岩灰还可制造水泥等建筑材料。因此，油页岩是一种多用途的资源，合理地综合利用油页岩将会促进国民经济的发展。因而在世界范围内，发展油页岩和煤炼油的呼声日益高涨。

　　1980年，美国投资了250亿美元作为发展合成燃料的资金，为其每年生产9000万吨用煤炼制的油和页岩油打下经济基础，这说明美国的油页岩和煤炼油事业正从工业试验转入大规模生产。俄罗斯目前油页岩的开采量已达到7000万吨，澳大利亚每年生产页岩油1500万吨，摩洛哥为700万吨，巴西为250万吨。总之，从世界范围来看，油页岩工业在今后会有较大的发展，它将是常规能源的一种重要的补充能源。

在油页岩的开采加工方面，最近又有一些新技术、新方法诞生。

不久前发展起来的地下干馏方法，为油页岩的开发利用提供了一条崭新的途径。地下干馏方法之一是：在原地钻孔中利用炸药爆破或核爆炸等手段，对油页岩层进行破碎，造成天然的干馏硐室。另外，还有一种更为简便的方法，就是在地下开采的同时，按地下干馏的要求，开采掉其中15%～20%的油页岩后，利用采空区形成的空洞，回填上油页岩块，经过油页岩自身燃烧加热，进行干馏。地下干馏作用的进行可由无线电透视法监视。最后，由地面或井下用管道把气体或液体产品抽取出来，加以利用。

这些地下干馏方法在美国已经试验过，并取得了一定效果。例如，美国在科罗拉多州奥布兰科县的一号钻孔，用核爆炸可提供约5万吨级的能量，爆炸后，产生一个直径为70.049米，高158.496米的筒形破裂空间，其中填满破碎的油页岩，约115万吨，干馏以后可产生约65万桶页岩油。油页岩地下干馏，既可使油页岩资源得到广泛利用，又不占用良田，也不会污染环境，还可以大大降低成本，提高产油率，是开采利用油页岩的良好途径。

近年来，欧、美和日本，都加强了油页岩开发利用的研究，特别是加强了在加氢高压下，利用溶剂热解"固体石油"的研究。中国也在采用不同的方法进行试验，并取得了较好的成果。从"固体石油"中提取原油，从原油中也成功地分离出汽油、煤油和柴油。由此可见，"固体石油"在未来石油短缺的情况下，是完全可能发挥重要作用的。

第二章　　太阳能的利用

现代太阳能应用技术在不断前进，应用领域仍是比较宽广的。当前人们直接利用太阳能，主要体现在三大技术领域：一是光热转换，二是光电转换，三是光化学转换，此外储能、输送技术也有一定的应用。在应用领域方面已涉及到工业、农业、建筑、航空航天等许多行业和部门。例如，用于公共建筑的大规模采暖、制冷、空调等太阳能设施；用于海水淡化的太阳能蒸馏装置；用于宇宙飞船、航天飞机、汽车、自行车的太阳能能源；用于育秧、干燥、杀虫等的太阳能器具；用于取暖、保温的太阳能灶和太阳能温房等等，都是太阳能技术的应用。

太阳能作为一种能源，与煤炭、石油、核能等能源相比，具有以下优点：

1. 普遍。阳光普照大地，处处都可以利用，不需要开采和运输。

2. 无害。太阳能是清洁能源，不会污染环境。

3. 长久。只要太阳存在，就有太阳辐射能。据估计，太阳还有100亿年的寿命，然后变成红巨星，最后氢元素耗尽死去。100亿年是何等的漫长啊！

4. 巨大。据估计，地球表面一年内从太阳获得的总能量约达60亿千瓦·时，比目前全世界一年内利用各种能源产生的总能量还要大1万倍。

当然，世界上任何事物都不是完美无缺的。太阳能作为能源应用时，也有其缺点，主要是：

1. 能流密度很低。在天气较为晴朗的情况下，中午时，在垂直于阳光方向的1平方米面积的地面上接受到的太阳能，平均只有1000瓦。若按全年日夜平均，地球表面每平方米面积上接受到的太阳能小于200瓦。作为一种能源，这样的能流密度是极低的。因此在利用时，往往需要一套面积相当大的收集、转换设备，因此造价过高，影响推广。不过，随着太阳能利用研究工作的开展，成本有可能大大降低。

2. 到达某一地面的太阳辐射强度极不稳定，与气候、季节等因素有关。另外，还有昼夜交替带来的间断性问题，这也为太阳能的大规模利用增加了不少困难。

太阳能的利用方法

　　利用太阳辐射能主要有三种方法：把太阳的辐射能变成热能，叫做光热转换；把太阳的辐射能变成电能，叫做光电转换；把太阳的辐射能转变成化学能，叫做光化学转换。

　　光热转换，这种方法是利用集热器或者聚光器来得到100℃以下的低温热源和1000℃～4000℃的高温热源。它是目前应用比较普遍的一种办法，被广泛地用在做饭、烘干谷物、供应热水、供室内取暖、空调、太阳热能发电、输出机械能和高温热处理等方面。农业上直接利用太阳辐射能的例子就是太阳能温室和太阳能水泵。此外，太阳能还可以用在海水淡化等方面。

　　高温太阳炉是一种难得的没有杂质的高温热源，可以用在科学研究和冶金工业上。这种热源既能够在很短的时间内达到几千度的高温，又能够在很短的时间内把热源切断。

光电转换，这种方法就是把太阳光能直接变成电能。光电转换是利用太阳辐射能的一个重要方法，到今天为止，这种方法也才不过40年的历史。它是利用某些物质的光电效应把太阳辐射能直接变成电能，它的核心就是太阳能电池。目前，主要的太阳能电池有硅电池、硫化镉电池、砷化镓电池和砷化镓—砷化铝镓电池。

光电转换效率，因材料而不同，一般约为10%，仅作为小功率的特殊电源。目前太阳能电池已应用在灯塔、航标、微波中继站、电围栏、铁路信号、无线电话、电视差转、电视接收、无人气象站、金属阴极保护以及电子玩具、计算器、电子表等方面。随着技术的发展和材料价格的降低，太阳能电池必将向较大功率的应用方面发展。

光化学转换，绿色植物的光合作用就是一个光化学转换过程。光合作用就是植物利用太阳光把二氧化碳和水变成有机物质。

目前，许多科学家正在用这个办法生产燃料。其办法是，在那些不跟粮食生产争地的荒山、荒地、荒滩和湖泊等地方，种植绿色植物，然后，再把收获来的绿色植物用化学方法或者生物方法处理，就可得到固体燃料、液体燃料、肥料和石油化工等代用品。例如，菲律宾大量种植银合欢树（生长特别快），为工业提供木柴。巴西利用本国大面积种植的甘蔗来发展酒精燃料工业。自1983年以来，巴西的1/4汽车燃料就是靠300来家酒精厂提供的。实践证明，将太阳能转变成生物质能，再将生物质能转变成热能、电能，是利用太阳能的有效途径之一。

集热器

　　什么是集热器呢?集热器是吸收太阳辐射能并向工质(水)传递热量的装置。它是热水器的"心脏"。因为集热器中的工质(水)与远距离的太阳进行交换,所以它又是一种热交换器。

　　在利用太阳能的研究中,让平行的阳光通过聚焦透镜聚集在一点、一条线或一个小的面积上,也可以达到集热的目的。大家知道,纸在阳光下,不管阳光多么强,哪怕是在炎热的夏天,也不会被阳光点燃。但是,若利用集光器,把阳光聚集在纸上,不一会儿,焦点处的纸就会燃烧起来。基于这些生活和科学实践,在理论研究的指导下,科学家们制造出了各种集热器,按其特点,一般分为:

　　平板集热器:罩在菜地暖房上的透明塑料薄膜属此类,采暖房的那几扇大窗户玻璃板也属于平板型集热器。它不仅可以收集太阳的直射辐射，而且可以收集太阳的散射辐射。平板型太阳能集热器是根据"热箱原理"设计的。我们知道，阳光是由各种不同波长的光组成的，不同物质和不同颜色对不同波长的光的吸收和反射能力是不尽相同的。黑颜色吸收阳光的能力最强，因此冬天人们穿的棉衣是用深色或黑色衣料制成的。白色反射阳光的能力最强，所以夏天的衬衫则用浅色或白色衣料制作。所谓热箱，就是一面面向太阳光并透明的盖板，可使用玻璃、玻璃钢或塑料薄膜做盖板，另三面内壁涂黑且为不透气的保温层。当太阳光透过玻璃进入箱内，便被内壁涂层吸收，转为热能。如果箱内盛水，水就被加热。

真空管太阳能集热器：是在平板型太阳能集热器基础上发展起来的。利用真空隔热，并采用选择性吸收涂层来提高集热效率和集热温度的新型太阳能集热装置。构成这种集热器的核心部件是真空管，它主要由内部的吸热体和外层的玻璃管组成。

按吸热体的材料不同，真空管太阳能集热器可分为全玻璃真空太阳集热管和玻璃—金属真空太阳能集热管两大类。

全玻璃真空太阳能集热管结构简单，制造方便，可靠性强，成本低廉，具有许多突出的优点，它像一个拉长的暖水瓶，由两根同心圆玻璃管组成，内外圆管间抽成真空，太阳选择性吸收涂层（表面、薄膜）沉积在内管的外表面构成吸热体，将太阳光能转换为热能，加热内玻璃管中的传热流体。

玻璃—金属真空太阳能集热管是国际上继全玻璃真空太阳能集热管之后发展起来的新一代真空管。由于吸热体采用金属材料，而且真空管之间也都用金属件连接，所以用这些真空管组成的集热器具有工作温度高、承压能力大、耐热冲击性能好等优点。

太阳能的储存

028

　　太阳能受季节、昼夜、气候的影响，具有间歇性和不稳定性的特点。克服这些弱点，是发展太阳能的关键性问题。目前，虽然储存太阳能的方法很多，但是大容量、长时间、低成本的储能还未能实现。其实，太阳能储存的道理很简单，暖水瓶就是一种蓄热器，热水在瓶内 24 小时或更长的时间不会变冷，就是储热方法之一。目前，太阳能的储存方法主要有两大类，一是将太阳能的热能直接储存；二是将太阳能转换成其他形式的能量储存。

　　太阳热能的直接储存又分为短期储存（几小时或几天）和长期储存（半个月或几个月）。短期储存可利用蓄热材料来实现，例如，利用棉子油或其他油脂，把太阳灶聚焦的高温吸收在油里，能在 400℃～500℃的温度下，蓄热 24 小时，然后将这种高温油流过一个特制的散热器，它所释放的热量还能炒熟菜。再如，太阳房的蓄热，常利用砂、石等材料做蓄热体，将太阳辐射的热吸收储存，以供夜间使用。中国东北地区的暖墙就是一种蓄热器。这里的卵石或砾石、土坯墙、砖墙和混凝土墙，均是蓄热材料和蓄热器。

更先进的方法，是选用一些相变材料。所谓"相"，可以简单理解为"态"，例如，水有三态：气态、液态、固态，也可以说成水有三相，即气相、液相、固相。如某些低熔点的盐类或合金，它可以在受到太阳能的热作用下变为液体，而在冷却时又凝固，此时释放出热量来。这种能反复产生液相、固相变化的物质，就叫相变材料。最普通的相变材料是芒硝之类的物质。近来有的学者开始研究利用含氢金属物做相变材料。

把太阳能转变成其他能，再加以储存，这是目前的重要选择。最常见的是太阳能发电，然后用蓄电池蓄电。也可以利用太阳能提水的方法，白天利用太阳能把水从低处提到高处的储水池中，夜间从水库放水，用水的落差进行水力发电，这叫蓄能发电。

具有更深远意义的是太阳能的生物储存和化学储存。生物储存是指利用植物的光合作用培育能源作物，或将太阳能产生的某些有机物经过微生物发酵制取沼气或酒精，以获得气体燃料或液体燃料。

太阳能高温分解水制氢，以及络合制氢等办法，都是太阳能的高级转换和储存。

随着科学技术的蓬勃发展，人类对大容量、长时间的太阳能储存问题很快就能解决。太阳池就是一种收集太阳能和储存太阳能，并作为热源的好工具。太阳池中的水是盐水，其浓度呈稳定状态，而吸收太阳的辐射热，在池子的底部用隔热材料使热在底层水中防止对流损失。

太阳灶

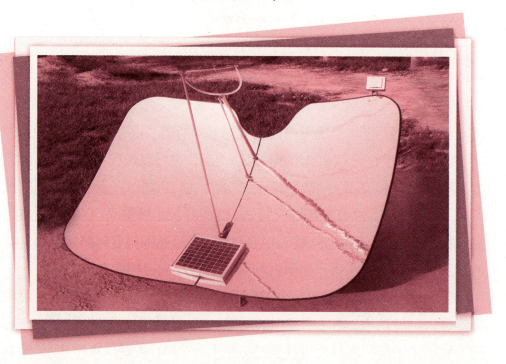

030

　　太阳能的热利用，是将太阳的辐射能转换为热能，实现这个目的的器件叫"集热器"。由于使用的目的不同，集热器和与之匹配的系统类型繁多，名称也各不相同。例如，太阳能用于炊事，就叫"太阳灶"；用于产生热水，就叫"太阳能热水器"；为烘干用的设备，就称为"太阳能干燥器"。

　　利用太阳能做饭、炒菜和烧开水，在广大农村，特别是在燃料缺乏地区，具有很大的实用价值。

　　世界上第一个太阳灶设计者是法国的穆肖，1860年，他奉拿破仑三世之命，研究用抛物面镜反射太阳能集中到悬挂的锅上，供驻在非洲的法军使用。1878年，阿塔姆斯又曾作了许多研究和改进，此后，印度便有10家工厂生产。到了1889年，全世界就有了许多太阳灶的专利，有了各种各样形式的太阳灶。目前世界上太阳灶的利用相当广泛，技术也比较成熟，它不仅可以节约煤炭、电力、天然气，而且十分干净，毫无污染，是一个可望得到大力推广的太阳能利用装置。

中国位于欧亚大陆的东部，陆地占世界陆地面积的十四分之一，而且大部分处于北温带，每年获得太阳能的总量大约是1×10^{16}千瓦，相当于1.2亿吨煤所具有的能量，这是一个极其惊人的数字。以我国古代发明"阳燧"为基础，即战国时代的《墨经》所载，人们用铜质的凹面镜（抛物面镜）聚光，把太阳聚成小焦点，用以点火。后来人们将这个直径不过10多厘米的聚光器加以扩大，就可以制成当代的太阳灶。

据中国农业部统计，1994年全国拥有各种形式的太阳灶达14万台，这无疑是一项世界之最。目前常用的几种太阳灶分别是聚光式太阳灶、箱式太阳灶、热管传导式太阳灶及太阳蒸汽灶等。这些太阳能装置在燃料缺乏地区，具有很高的实用价值。

在这些太阳灶中，伞式聚光灶可以产生足够的温度，如果用高压锅，在这种灶上煮一家5口人吃的饭，半小时就可以煮熟。用黑底锅煮鸡蛋，5分钟即可煮熟。用箱式灶时，晴天1～2小时内可把锅加热到150℃～200℃，由于这种太阳灶有储热性能，即使天空出现云层，也可以保持100℃左右。这种太阳灶最适宜烤炙和烘焙。风天和有薄云天气均可以使用。而新试制成的储热太阳灶，是可以在室内、白天、晚上、晴天或阴雨天均可使用的全能太阳灶。

太阳能热水器

　　太阳能热水器是一种利用太阳能把水加热的装置。利用太阳能平板集热器，可以把水加热到40℃～60℃，为家庭、机关、企业生活、生产提供洗澡、洗衣、炊事及工艺等用途的热水，也可以用于太阳房、温室、制冷和热动力等装置中。太阳能热水器一般由集热器、贮水箱、循环管路及辅助装置组成。

　　太阳能热水器通常安放在房屋顶上，也可以安放在其他向阳的地方。人们早晨加上冷水，下午就可以取用被太阳能加热的热水。到了20世纪中期，太阳能热水器利用技术已经达到了比较成熟的阶段。太阳能热水器产业是世界上太阳能行业中的骨干。中国安装的太阳能热水器面积居世界首位。据测算，由于这些太阳能热水器的使用，每年至少可以节约燃煤50万吨，已经露出了它的锋芒。

随着人们生活水平的不断提高，世界上发展中国家的人民，对生活热水的需求迅速增加，在中小城镇和广大农村，尚没有条件使用燃气或电来提供热水，人们选用太阳能热水器是十分自然、合理的。目前，中国约有1000家太阳能热水器制造厂，热水器总使用量超过10 000万平方米，为30 000万居民提供热水。

以流体（水）在集热器中的流动方式，可将太阳能热水器分为以下三大类：

自然循环式。它依靠集热器与蓄水箱中的水温不同，而产生比重差进行温差循环（热虹吸循环），水箱中的水经过集热器被不断加热。由补水箱与蓄水箱的水位差所产生的压头，通过补水箱中的自来水，将蓄水箱中的热水顶至用户。与此同时也向蓄水箱中补充了冷水，其水位由补水箱内浮球控制。

自然循环式系统具有结构简单，运行安全可靠，不需辅助能源，管理方便等优点，所以目前仍是大量应用的一种太阳能热水系统。

自然循环定温放水式。与自然循环式的不同点在于：循环水箱被只有原来容积的1/3～1/4的小水箱代替，大容积的蓄水箱可以放在任意位置（当然必须放在高于浴室的位置）。其优点是笨重的循环水箱不必高架于集热器之上。

强制循环式。在蓄水箱与集热器之间装有水泵，水泵由集热器出口与水箱底部间水的温差来控制其启动或停止。

以上三种形式的热水器各有其优缺点，而目前使用比较多的是自然循环式系统，中国大量推广的家用太阳热水器也大都是自然循环式。

太阳能温室

所谓太阳能温室，就是太阳的辐射能——阳光，主要是可见光和近红外线，照射到玻璃暖房、花房和塑料大棚等建筑物的透明物体上，几乎能够全部透过，并被这幢建筑物内的物体所吸收，建筑物内的物体因此而变暖。换句话说，像玻璃、塑料起了让短波阳光进、不让长波红外线出的作用，室内温度就随着太阳照射时间的延续，逐渐升高，直至到达平衡为止。这种效应使玻璃房屋得名为"温室"。这种由于玻璃对可见光十分透明，而对红外线很不透明的事实而得到多余热量的效应，就称为"温室效应"。

太阳能温室是最早利用太阳能的一种建筑物，人们常见的玻璃暖房、花房和塑料大棚，都是太阳能温室，它担负着寒冷地区，如中国北方大中城市冬季蔬菜供应的重任，并在水产养殖和农作物育种育秧、畜禽越冬等方面起着重要的作用。

现在，太阳能温室有了更大的发展，规模和功能也远非普通花房可比。随着透明塑料和玻璃纤维等新材料的大量出现，太阳能温室的建造也越来越多样化，甚至发展起田园工厂化。目前人们不仅有大量的塑料大棚用于蔬菜种植方面，而且出现了许多现代化的种植繁养工厂。

太阳能温室的结构和形式很多，这里仅作简要介绍。温室建筑可用木材、钢材或铝制构件作为骨架。透光覆盖物过去多用玻璃，近期发展以塑料为主。在一些工业发达国家，硬质和半硬质塑料已大规模生产，不仅价格低，而且耐老化和透光性均好，为快速建造轻型温室提供了方便条件。目前常用的塑料透光材料有下列几种：

丙烯酸薄板：具有不同的厚度、颜色和波长透射特性，能有控制地发挥温室热效果。无色丙烯酸薄板的日光透射率高达95%，比普通玻璃的透光率还好，而且抗碰撞能力大大超过玻璃。

聚氯乙烯膜和板：目前农村塑料大棚多用此种材料做薄膜。世界上有的国家还生产一种聚氯乙烯板材，也试用在温室上，但抗老化性能差，18～24个月就变黄、变黑，大约使用5年就变硬发脆。

玻璃纤维增强塑料：一种半透明热固塑料，由聚酯树脂为主构成。原来不耐老化，近期添加丙烯酸单体，性能有所改进，耐老化、透光性和使用寿命均有所提高，国际上已经较广泛使用它做温室透光材料。

太阳能干燥技术

　　人们用来烘干物料，如粮食作物、经济作物、皮革、尿素等的燃料（能源）很多，例如太阳能、煤、秸秆薪材、沼气等。但其中最清洁、最经济的要数太阳能了。一般农作物太阳能干燥的方法比较简单，那就是自然曝晒。这种太阳能的干燥技术在较长的时间内，仍占有重要地位。它的缺点是：干燥周期长，晒场占地面积大，且受虫蝇、尘土污染，有时还受阵雨袭击，对产品质量影响较大。

　　太阳能干燥技术的发展是改变敞开自然曝晒为封闭式，加热空气以降低其相对湿度，并使之充分和被干燥物相接触，以增加相互的换热量。

　　太阳能干燥技术可分为两个阶段：对空气加热；热空气把待干燥物中的水分带走。

　　加热空气又有两种办法：直接加热空气，即把待干燥物放在干燥室内，直接受阳光辐射；间接加热空气，利用空气集热器把空气的温度提高，并降低待干燥物的相对湿度。

在干燥器中，湿物吸收太阳的辐射热之后，温度升高至使相应的水蒸气压力超过周围空气中的分压时，水分就从湿物表面蒸发。所以干燥器不仅满足升温的要求，还要考虑通风排湿，尽量降低干燥器中空气的分压。

太阳能干燥器可分高温型干燥器和低温型干燥器两种。

高温太阳能干燥器为聚焦型，常采用抛物柱面聚光器，对太阳进行自动跟踪，待干燥物多为颗粒状，如粮食之类，用螺旋输送机把物料送到线状聚焦面，边行进边干燥，效率较高。但是，这种干燥装置比较复杂、庞大，造价较高，推广较困难。

低温太阳能干燥器，以空气作为干燥手段。这种干燥工艺设备由两部分组成，即太阳能空气集热器和物料干燥箱。此外，一般都配备较大风量的风机。温度一般在40℃~65℃，特别适合果品干燥和农副产品加工的需要，如红枣、荔枝、烟叶、药材、挂面和豆制品等。目前国内外研究的太阳能干燥器，多属于低温干燥器。

低温太阳能干燥器又有以下几种：

集热器型干燥器：利用太阳能空气集热器把空气加热，并送入干燥室。

温室型干燥器：与普通太阳能温室类似，只是带有排湿口，便于将待干燥物料中的水分排除。

整体式干燥器：把集热器和温室结合为一体，结构紧凑，干燥效果好，造价低廉。

太阳房

太阳房是利用太阳能采暖和降温的房屋建筑。

在寒冷地区居住，例如在中国的华北和东北地区居住，建筑采暖是房屋建造中不可缺少的工程。而在热带地区居住，例如在中国海南，甚至重庆、武汉、南京居住，当室内的温度上升到30℃以上，人也会感到不舒服。因此，降温成了主要问题。

目前，采暖和降温仍以常规能源为主，但从发展来看，利用太阳能采暖和降温，则是主要发展方向。

房屋利用太阳能采暖已有悠久的历史了。人们把房屋的南向都装有透明的玻璃窗，这就是最简单的太阳能采暖应用。但玻璃窗的散热大，因此，这一简单采暖方式效果不太理想。太阳能采暖可同建筑相结合，虽然建筑成本比较高，但从总体考虑，经济上仍是比较划算的。

在人们的生活能耗中，用于采暖和降温的能源占有相当大的比重。特别对于气候寒冷和炎热地区，采暖和降温的能耗是相当大的。不过，这种能耗随人们物质生活水平的不同而有多有少。根据一些发达国家的统计，家庭能耗中采暖约占60%，生活热水和空调约占20%。发展中国家的家庭能耗普遍较低，但采暖的比重并不少。例如，中国的华北地区，冬季采暖在家庭总能耗中占40%以上，东北地区冬季采暖所耗的能源就更高了。

目前，随着各国、各地区人民生活水平的提高，南方也开始冬季采暖，夏季大量使用电扇，使用空调设备的也日益增多。这样，不仅引起了能耗比重的变化，也使人们注意通过房屋结构的改变，积极开发太阳能用以采暖和降温。

太阳房既可采暖，又能降温，所以研究、开发者愈来愈多。目前，最简便的一种太阳房叫被动式太阳房，建筑容易，不需要安装特殊的动力设备。把房屋建造得尽量利用太阳的直接辐射能，依靠建筑结构造成的吸热、隔热、保温、通风等特性，来达到冬暖夏凉的目的。另一种太阳房叫主动式太阳房，这就比较复杂一些，是更高一级的一种太阳房。由于主动式太阳房需用设备较多，电源也是不可缺少的，因此造价较高，但室内温度可以主动控制，使用也很方便。目前一些经济发达国家，已建各种类型的主动式太阳房。还有一种高级太阳房，则为空调制冷太阳房。

太阳能制冷

　　气体（空气）或液体（如水、氨溶液、硫氰酸钠溶液等）被压缩时，会放出热量，相反，当气体或液体膨胀时，要吸收热量，这叫做气体或液体压缩放热，膨胀吸热原理。人们利用物质膨胀吸热的原理，来达到降温的目的。

　　太阳能冷冻机是利用这种原理制造的。先利用集热器收集的太阳热能加热低沸点的氨水溶液，使氨水变成蒸汽，在冷凝器中用冷水来冷却，使其进入膨胀阀在低压下快速蒸发吸收大量的汽化潜热，就可以降温和造水，以达到制冷的目的。

　　太阳能冷冻机使用方便，适于家用空调。用硫氰酸钠溶液代替氨溶液，可以提高冷冻机的效率。这种冷冻机还可用于粮食防腐，海产品防腐等。

盛夏，酷暑炎热，阳光充足，辐射能很强，对利用太阳能冷冻机制冷很有利，造冰、制冷的效率都很高。正是这个时候，人们需要的制冷水量很大，也需要大幅度的降低室内温度。所以，盛夏利用太阳能冷冻机制冷，成为供求关系上很有趣的现象。

目前，太阳能制冷的方法很多，如压缩式制冷、蒸汽喷射式制冷、吸收式制冷等。

压缩式制冷要求集热温度高，除采用真空管集热器或聚焦型集热器外，一般太阳能集热方式不易实现，所以造价较高。

蒸汽喷射式制冷不仅要求集热温度高，一般说其制冷效率也很低，为 0.2～0.3 的热利用效率。

吸收式制冷系统所需集热度较低，为 70℃～90℃ 即可，使用平板式集热器也可满足其要求，而且热利用较好，制作容易，制冷效率可达 0.6～0.7，所以一般采用也很多，不过，它的设备比较庞大。

中国从 20 世纪 70 年代中期开始研究太阳能制冷，除几种间歇式氨—水吸收法制冷机外，还做了一些太阳能空调试验。

利用太阳能制冷，很多国家多试用于主动式太阳房方面，如日本的矢崎太阳房，就采用吸收式太阳能制冷作为空调，集热器温度为 90℃。

太阳能蒸馏器

042

目前，太阳能蒸馏器多用在海水淡化方面。我们知道，地球上总的水量虽然不少，有1.5×10^{18}立方米，但其中97.3%都是苦咸的海水，在剩下2.7%的淡水中，有2%为冰，分布在两极的冰雪地带和其他冰山上，只有0.7%的淡水分布在江、河、湖泊中，供人们饮用及农作物灌溉使用，这是远远不够的。另外，随着世界人口的增加，特别是工业用水的增加，使许多城市用水日渐紧张。因此，海水淡化越来越被人们所重视。

世界上最早的太阳能蒸馏器，是1872年瑞典工程师为智利设计并制造成功的。集热面积为4450平方米，日产淡水17.7吨，可供应一个村庄的用水。这座太阳能蒸馏器沿用了38年，1910年停止运行。

第二次世界大战期间，美国制造了许多军用海水淡化急救装置，供飞行员和船员落水后取水用，实际上是一种简易的太阳能蒸馏容器。到

20世纪60年代，美国在佛罗里达的戴托纳海滩，建立了供大规模太阳能蒸馏研制工作用的特殊实验站。

1977年，中国在海南岛上建成一座面积为385平方米的太阳能海水蒸馏试验装置，日产淡水1吨左右。1979年又在西沙群岛的中建岛安装了一座50平方米的小型太阳能蒸馏器，日产淡水0.2吨。1982年在舟山群岛的嵊泗岛再建成一座128平方米的顶棚式太阳能海水淡化装置，日产300千克饮用水，生活用水700千克。

太阳能蒸馏器有两种：一种是"顶棚式"（或热箱式），这是比较简便的一种；另一种是聚光式。

顶棚式是以水泥浅池为基础，上面盖以玻璃顶棚，顶棚分单斜坡和双斜坡。它的工作原理比较简单：太阳光透过玻璃顶棚照射到涂有黑色的水泥池底，光线经黑体吸收，变为热能传递给水。由于池子四周密封，实为一个热箱，水温逐渐升高，使水不断蒸发。从结构上来看，它有点像浅池式太阳热水器。但蒸馏器的水层要求更浅，以便水分大量蒸发。同时，盖面玻璃是斜坡式，当上升的水蒸气遇到较凉的玻璃顶棚时，立即冷凝成水珠，受重力影响水珠下移，汇聚成较大水珠，逐渐流入玻璃板下沿的集水槽，于是得到淡水。这种淡水实际上是蒸馏水，如果要饮用，还应矿化处理。

聚光或蒸馏器是利用聚光器获得高温，而把咸的海水烧成蒸汽，然后经过冷凝成淡水。这种装置是强化蒸馏，效率虽然较高，但装置造价较昂贵，所以不被人们看好。

太阳能发电

　　太阳能发电，是利用集热器把太阳辐射能转变成热能，然后通过汽轮机、发电机来发电。它与常规火力发电主要不同之处是：动力来源不是煤或油，而是太阳辐射能，用集热器和吸收器取代了锅炉。

　　世界上第一个实现太阳能发电的太阳能电站，是法国奥德约太阳能发电站，其发电功率只有64千瓦，但为后来的太阳能电站的研究与设计奠定了基础。意大利西西里岛1000千瓦塔式太阳热电站，是世界上第一座并网运行的塔式太阳能电站。电站额定功率为1000千瓦，太阳锅炉热功率为4800千瓦，定日镜共182个，其中50平方米的70个，23平方米的112个，镜场总面积为6200平方米，每个定日镜由两台电机带动。美国于1982年建成了1000万千瓦的塔式太阳热中间试验电站，到2000年太阳能发电站总装机容量达4000万千瓦，计划到2020年，生产的电量将占能源量的25％。

以太阳光为能源获得电能的太阳能发电，有四大优点：一是安全，不产生废气；二是简单易行，只要有日照的地方就可以安装设备；三是容易实现无人化和自动化；四是发电时不产生噪音。从这些优点可以看出，太阳能发电是一种较理想的清洁能源。

利用太阳能发电技术，目前美国、日本、德国三个国家走在最前头，它们生产了占世界总量90％的太阳能电池。在美国，从1988年起，政府预算每年拿出3500万美元实施"太阳能发电五年计划"；在德国，以通信部门、保养所、岛屿等为中心的太阳能发电电力供给已在相当程度上得到了推广。

目前，将太阳能转换为电能有两种基本途径：一种是把太阳光辐射能转换为热能，即太阳热发电；另一种是通过光电器件将太阳光直接转换为电能，即太阳光发电。

太阳热发电又分为两种类型：一种是太阳热动力发电，即采用反射镜把阳光聚集起来加热水或其他介质，使之产生蒸汽用以推动涡轮机等热力发动机，再带动发电机发电；另一种是利用热电直接转换，如温差发电（热电偶）、热离子发电、热电子发电、磁流体发电等原理，将聚集的太阳热直接转换成电能。

光发电到目前为止也已发展成为两种类型：一种是光生伏打电池，一般俗称太阳电池；另一种是正在探索中的光化学电池。太阳电池是利用"光电效应"将太阳辐射能直接转换成电能的器件，一般也称光电池。

太阳电池

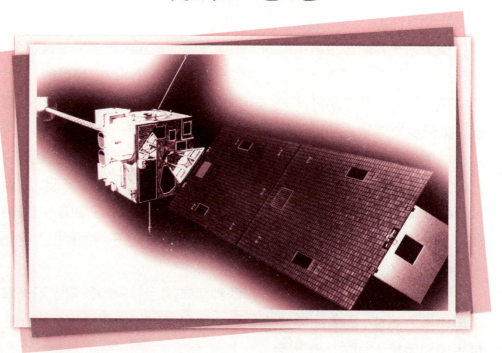

太阳能的光电转换，是指太阳的辐射能光子通过半导体物质转变为电能的过程，通常叫做"光生伏打效应"，太阳电池就是利用这种效应制成的。当太阳光照射到半导体上时，其中一部分被表面反射掉，其余部分被半导体吸收或透过。被吸收的光，有一些变成热，另一些光子则同组成半导体的原子价电子碰撞，于是产生电子—空穴对。这样，光能就以产生电子—空穴对的形式转变为电能。

1954年，在美国贝尔实验室里，科学家发现了光电效应的效率可达10%的材料。他们将半导体材料硅的晶体切成薄片，一面涂上硼做正极，一面涂上砷做负极，接上电线后，用光照射，电线里便有了电流。世界上第一个太阳能光电池就是这样诞生的。

制造太阳电池的半导体材料已知的有十几种，因此，太阳电池的种类也很多。目前，技术最成熟，并具有商业价值的太阳电池要算硅太阳电池。

硅太阳电池。硅是地球上最丰富的元素之一，用硅制造太阳电池具有广阔前景。人们首先使用高纯硅制造太阳电池（即单晶硅太阳电池）。由于材料昂贵，这种太阳电池成本过高，初期多用于空间技术作为特殊电源，供人造卫星使用。20世纪70年代开始，把硅太阳电池转向地面应用。近年来非晶硅太阳电池研制成功，这会使硅太阳电池大幅度降低成本，应用范围会更加扩大。可以预见，大型太阳电池发电站，太阳电池供电的水泵和空调等将逐渐进入百姓家庭。

多元化合物太阳电池。这是指用单一元素半导体制成的太阳电池。这类太阳电池品种很多，例如硫化镉太阳电池就是其中的一种。在这类电池中，由硫化亚铜—硫化镉构成的异质结太阳电池中的薄膜硫化镉太阳电池更引人注目。这种薄膜太阳电池轻薄如纸，厚度只有50～100微米，制作工艺简单，成本低廉。但目前存在衰降和封装技术问题，长期未能商品化生产和推广使用。另一种砷化镓太阳电池，能耐高温，在250℃的条件下光电转换性能良好，适合做高倍聚光太阳电池。但是成本高，主要材料（砷化镓）的制备较难，因此短期内成批生产和广泛使用均有一定难度。

液结太阳电池。这是一种光电、光化的复杂转换。它是将一种半导体电极插入某种电解液中，在太阳光照射的作用下，电极产生电流，同时从电解液中释放出氢气。

聚光太阳电池。利用聚光器获得光强，从而获得电能输出。这是降低太阳电池成本的一种好方法。

太阳能育种

048

　　利用太阳能来育种，是世界各国都在积极进行研究的一种新育种方法。

　　用抛物面镜汇聚成的阳光，间歇性地照射在植物的种子、幼苗、花粉、芽或块茎等的上面，可以促进作物的生长发育，提高作物的产量，具有明显的刺激效果。用这种方法来育种，还可以诱发性种的变异。

　　用聚焦脉冲阳光对玉米、小麦、棉花、谷子、大豆、水稻、马铃薯、西红柿、葵花等作物进行照射，试验证明，均具有明显的增产效果。

　　科学家们指出，以上这种刺激效应和诱变作用，与我们熟知的光合作用，在机理上是完全不相同的。普遍认为，这种育种方法，至少是改变了种子胚胎部分分子的排列形式；但更为深入的机制还在研究当中，可望不久的将来会有所突破。

　　阳光育种照射装置比较简单，主要由柱形抛物面反射镜、放置种子的滚筒、支架、底座、传动机构等部分组成。照射装置的焦距为0.75米，柱形抛物面反射镜长1.6米，宽0.5米，投影采光面积为0.725平方米，反射镜面由2厘米宽的普通玻璃镜条装成，阳光经柱形抛物面反射镜聚光后，可以形成0.5米长、3厘米宽的焦带，理论聚光比约为40，实际聚光比约为30。

　　将一个直径为15厘米的滚筒装在聚焦处，滚筒的外表面蒙有金属网，内放被照射的种子，网眼大小视种子而定。用圆形薄铁板将滚筒分成三格，每格装有独自开闭的盖子，试验时可以互不相干地放入或取出种子。

　　照射时的光脉冲频率，由滚筒的转动决定，多控制在60～70转／分。滚筒可用小电动机带动；在没有电源的地方，也可用手动的方式操作。试验测定，当太阳的辐射强度为763瓦／平方米时，装置的功率约为500瓦。试验的时候，柱形抛物面反射镜将太阳光聚焦在滚筒的下部，随着滚筒的转动，种子不断地翻滚，从而使种子得到脉冲照射。试验中，照射装置的聚光比为30左右，光脉冲频率为60～70次／分，照射时间为10～60分。被照射的种子应是干种子，其含水量不超过8％～12％，照射时种子的温度应在约50℃以下，高了不利于种子发芽。

　　利用聚焦脉冲阳光照射玉米、小麦、棉花等作物的种子，在对比试验中表现为穗大、粒多，可以获得明显的增产效果。一般增产幅度为7％～10％。

太阳能消毒土壤

　　利用太阳能进行土壤消毒，就是在温室内或田间用塑料薄膜覆盖土壤，进行密闭处理。通过水传导太阳辐射能，使土壤不断地积蓄热量，从而提高土壤温度，以杀死病虫害，达到土壤消毒的目的。具体做法如下：

　　先进行深耕土壤，做起小畦，畦高60～70厘米，畦沟保持经常有水，然后覆盖塑料薄膜，密封处理14～30天。由于薄膜内温度高，能杀死多种病原菌和害虫，待揭开薄膜后，便可以进行种植，虫害可以消除或减轻。

　　上述处理方法，白天薄膜内的温度最高可达70℃～80℃，土壤表面的温度达70℃以上，地表下20厘米深处温度仍达50℃以上。膜内土壤日温度的变化情况是：土壤表面在下午13时～14时，温度最高；地表下20厘米下午16时～18时，温度最高。一天之内的温度差变化为：地表面大于土壤深层，即土壤深层的温度变化小。

利用太阳辐射能进行土壤消毒的方法，比药剂或蒸汽消毒具有许多优点：它不会污染环境，对人畜无害；适用范围较广，不仅适用于蔬菜，也适用于其他农作物，可以杀死多种病原菌，消灭多种病虫害，如线虫病、镰刀菌、草莓萎病、番茄青枯病、萝卜横条纹病等。

因为温度较高，禾木科杂草几乎完全可以杀死，节省了除草的劳力。此外，还能加速有机物质的腐烂分解，提高土壤肥力。由于这种方法处理简单，经济实用，所以易于推广普及，农民乐于应用。

日本曾试验用太阳能消毒土壤，是用密闭聚乙烯覆盖层来防治病虫害。在长崎县由于马铃薯、生姜等旱地蔬菜经常发生病害，如果使用土壤消毒剂氯化，会产生环境污染，而实行轮作也有困难。于是他们试验用乙烯薄膜覆盖土壤。据说，可以防止马铃薯青枯病和草莓根霉烂萎缩病。

这种方法是用犁把田筑成高的垄，直至深处都保持高温。在夏季7～8月份，如有15天以上温度高于45℃，就能发挥消毒效果。

另外，利用太阳热能改造旱地土壤也取得了成功。其方法是将有机物质和石灰氮全层撒施，随后覆盖上聚乙烯薄膜，利用太阳热能来促进地温上升，提高杀菌效果和加速有机物的腐熟，以改造旱地土壤。

我国土地辽阔，日照丰富，每年照射到我国陆地上的太阳总辐射能大约12 000亿瓦，这是何等巨大的财富啊！据测量数据表明，在每1平方厘米的土地上，每分钟可以获得2卡的热量，经过多年的测量结果，这个数据始终没有发生显著的改变，因此2卡这个数字称为太阳常数。如何利用太阳照射在土地上的光和热，大面积的对土壤进行消毒，是今后的努力方向。

宇宙发电新技术

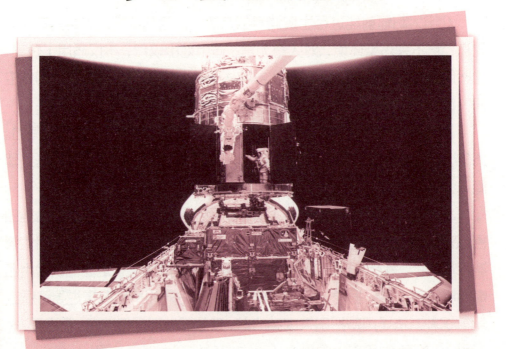

　　在地面上利用太阳能发电，受到阴天，雨天，昼夜变化，太阳光在大气层的折射、反射、吸收、能量损失等影响。为了改变这些环境条件，充分利用太阳的热能，于是，一项新奇而大胆的划时代的设计——宇宙发电提出来了。

　　1968 年，美国人彼得·格拉泽提出卫星太阳能电站的设想，即在地球外层空间利用太阳能发电，然后通过微波和激光将电能传输给地球上的接收装置，再将所接收的微波或激光能转变成电能，供人类使用。后来，又经过各方面专家的论证，逐渐形成了从发电到输电的一整套方案。

　　首先是发电。科学家提出，利用现代空间技术，在低地球轨道上组装一颗庞大的发电卫星，然后利用卫星上的推进器，把卫星送到地球同步轨道上，也就是地球赤道上方 3.58 万千米的位置。这个发电卫星绕地球公转一周正好是24小时，从地面上看，它好像是固定地悬挂在空中一样。

卫星上安装着巨大的太阳能收集转换器，实际上是像在超级足球场上铺满了太阳能电池。这个巨大的太阳能电池陈列面积大约有100平方千米，能发出1000万千瓦的电力，相当于10座100万千瓦的核电站的发电能力。这颗卫星是个庞大的人造天体，重量可达10万吨!

卫星太阳能电站发出这样强大的电力，必须送到地球上才能发挥效力。怎样把电能送回地球呢？科学家们研究出一种无线输电，采用微波技术。微波是波长比较短的电磁波。微波输电采用的频率与家用微波炉的频率相同，也是2450兆赫。这样的微波每秒钟要变化24.5亿次。交流电的波长是6000千米，而输电用的微波波长很短，只有12厘米。卫星上太阳能发出的电力，经过转换变成微波，由直径达1千米的巨大碟形天线射向地球。那微波射来就像手电筒射出的光柱。到达地球时，这粗大的"光柱"（微波束）将覆盖43平方千米的面积，直径达7.4千米。

地面上直径7.4千米的巨大天线负责接收从太空射来的微波能量，转换成电能后，就可以用电线送到家中了。

不过，这些卫星仅仅是理想中的卫星太阳能电站的微缩模型，它们的功率只有理想值的千分之一到万分之一。要建造百万千瓦到千万千瓦的大型卫星太阳能电站，需要上百亿，甚至几百亿美元的投资，这对任何一个国家都是一个沉重的负担，需要世界各国的通力合作，共同开发这一新能源。

在月球上发电

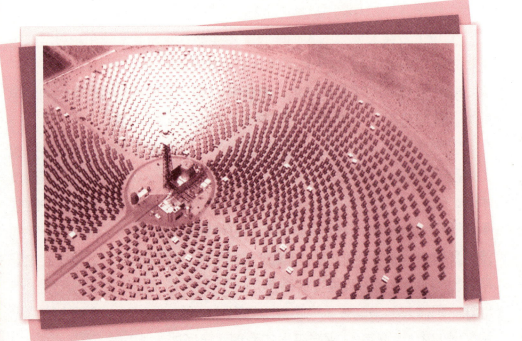

054

在地球外层空间利用太阳能发电，可以避免地球气候的影响，甚至也没有昼夜的区别，一天 24 小时都可以发电。然后通过微波和激光将电能传输给地球，在地球上装有接收器，再将所转变成的电能供千家万户使用。

在茫茫宇宙天体中，月球是人类看中的第一个能源基地。月球是地球的卫星，距离地球只有 38 万千米，是距地球最近的天体。月球自转一圈所需要的时间，恰好等于它绕地球公转一圈所需的时间，而且方向相同，所以月球总是以固定的一面朝着我们。

人类将于 21 世纪在月球上建立"空中之城"——"月球城"。"月球城"既可以作为科学研究的基地，更好地探索茫茫宇宙的奥秘，又是人类未来的能源基地。人类计划把太阳能电站建立在月球上，因为那里不受白天黑夜的影响，终日有阳光照射，全天都可以发电。

科学家们认为，在月球上建立太阳能电站也有一定难度。首先，是工作量太大。例如 1000 万千瓦的太阳能电站，需要太阳能电池板 100 平方千米以上，重 10 万吨以上，需要用航天飞机先将材料分批运到低空轨道安装，再送往高空轨道；其次，发出的电又要转化成微波形式透过大气层传到地面。地面又要用一群庞大的窝式天线阵（它由半波电偶极子组成），把微波电能捕获后，经固体二级管整流成直流电供给用户。

月球近几年来被人类看做能源基地的原因，还在于它蕴藏有大量的原料氦－3 和重氢（氘）。根据"阿波罗"宇宙飞船从月球上带回的样品分析表明，在月球的地层里除含有大量的有色金属外，还含有一种最引人瞩目的原料氦－3 和重氢（氘）。在月球上提炼这些金属，由于那里没有空气，提炼出的金属纯度很高。如果在月球上提炼氦 3 和重氢（氘），会产生大量的水、氢、氧、氮、碳等物质，这些物质恰好是月球上没有的，可以给人类提供在月球上生存的条件，还可以给飞往其他天体的飞行器提供氢氧做燃料，它和现在利用的核能相比，有很多优点。用氦－3 做燃料的核反应堆几乎不产生中子，反应堆外壁不受损害，可以用得很久，而且污染很小，废料容易处理，是人类控制聚变反应速度以后最理想的核能。

建立太阳能发电卫星，在卫星上用太阳能发电和将月球作为基地，建立太阳能电站，这两种方案的基本构想相同，都是在地球外层空间利用太阳能发电，然后通过微波和激光将电能传输给地球上的接收装置，再将接收的微波或激光束转变成电能供人类使用。

第三章　风能的利用

20世纪70年代以来，特别是近几年来，随着世界性能源危机和环境污染的日趋严重，可再生、无污染的风能利用，又在世界各国崛起，古老的风能又被人们重视起来，风能又焕发了青春。

荷兰重新成为世界风车的王国；丹麦多年来依靠风力，不仅缓和了能源紧张的矛盾，而且成为世界最大的风车生产国；英国对风能寄予很大期望，近年，英国的风力发电至少能满足本国20%的电力需要；美国自1974年开始执行联邦风能规划，至今拥有风力发电机组2000万台以上，总装机容量已达2000兆瓦以上。

各国大力开发风能的主要原因是：能源问题已成为当今世界瞩目的大事。煤、石油、天然气等常规能源发生危机，供不应求，不久即将枯竭，因此，各国都在大力开发太阳能、生物能、核能、氢能、海洋能、地热能等新能源。风能为太阳能的一种形式，只要太阳不灭，它就取之不尽，用之不竭。据估计，全世界可利用的风能约为10亿千瓦，比水利资源多十多倍。仅陆地上的风能就相当于目前全部火力发电量的一半。投资少，建成后使用价廉，且无污染。

对于风能的利用，现在世界有两种方式，一种是采用风力机械设备，把风能转变成机械能，直接为人们所用，例如，风力提水灌溉、饮牲畜，就是这种方式；另一种则是采用风力发电设备，把风能转变成机械能，再将机械能转变成电能，这就是风力发电。

新的风力机与老式的风力机相比，其优点很多，但主要是：抗风暴，耐久可靠；可自动调节功能，采用计算机控制转速；运用近代航空技术，机械效率大为提高。美国能源研究与发展局宣称，2010年，风力发电将达到200亿千瓦·时，占全国总发电量的10%左右。

当风轮机长长的弓形手臂，宛如农夫收割小麦一般，在空中划过时，发电机便把风力转变为电力，为人类造福呢！

风能利用的形式

　　风帆助航是风能利用最早的形式，直到19世纪，风帆船一直是海上交通运输的主要工具。用风车提水也是早期风能利用的主要形式，公元前3600年前后，古埃及就使用风车提水、灌溉。中国利用风车提水也有1700多年的历史。风力发电是近代风能利用的主要形式，19世纪末丹麦开始研制风力发电机，至今有100多年的历史。

　　近十多年来，风力发电在世界许多国家得到重视和发展，这是因为自1973年石油危机发生以后，人们认识到煤炭、石油等化石燃料资源有限，终究会消耗殆尽，而且燃料燃烧对空气污染和温室效应产生严重影响，因此，人们才开始对一些可再生能源和清洁能源，例如太阳能、风能、海洋能、生物能、地热能等加以重视。其中风能的应用发展很快。应用的方式主要有以下几种：

风力独立供电，即风力发电机输出的电能经过蓄电池向负荷供电的运行方式，一般微小型风力发电机多采用这种方式，适用于偏远地区的农村、牧区、海岛等地方使用。不过，也有少数风能转换装置是不经过蓄电池直接向负荷供电的。

风力并网供电，即风力发电机与电网联接，向电网输送电能的运行方式。这种方式通常为中大型风力发电机所采用，不需考虑蓄能。

风力/柴油供电系统，即一种能量互补的供电方式，将风力发电机和柴油发电机组合在一个系统内，向负荷供电。在电网覆盖不到的偏远地区，这种系统可以提供稳定可靠和持续的电能，以达到充分利用风能，节约燃料的目的。

风/光系统，即将风力发电机与太阳能电池组成一个联合的供电系统，也是一种能量互补的供电方式。如果在季风气候区，采用这一系统可全年提供比较稳定的电能输出，可做补充供电。

风帆助航虽然是一种古老的应用风能的方式，但今天也不失为海上动力。1980 年，日本建成了世界上第一艘现代风帆助航船——“新爱德华”号，它有两个面积为12.15米×8米的矩形硬帆，其剖面为层流翼型，采用现代的空气动力学新技术。风帆助航可以减少消耗10%～15%的燃料。

另外，风力制热是近几年才开始发展的风能利用形式。

当今，更值得提起的是：为农牧业应用广泛的风车和风力提水机，素有“低地之国”之称的荷兰，很早就利用风车排水、造田、磨面、榨油和锯木等。我国的风车历史悠久，1300 多年前就有“立帆式”风车了，龙骨提水车是既古又新的提水工具，我国南方河网地区和盐场，至今运用还十分广泛。

风力发电

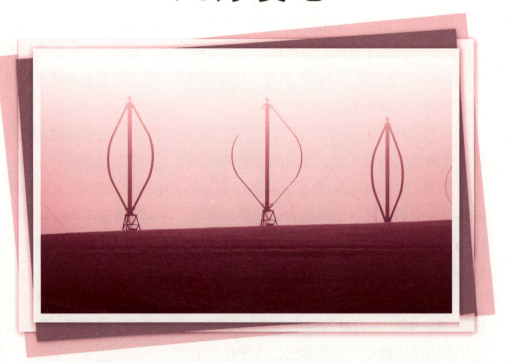

　　风力用于发电，有100年时间了，但它却以其强大的生命力，成为今天风能开发利用的主力军，并更加看好于明天。

　　1890年，丹麦政府制定了一项风力发电计划，到1908年，就设计制造出72台5～25千瓦的风力发电机，1918年发展到120台。第一次世界大战后，随战争发展起来的螺旋桨式飞机以及近代空气动力学理论，为设计风轮叶片奠定了理论基础，促使现代高速螺旋桨式叶片风轮出世。

　　1931年，苏联首次采用螺旋桨式叶片建造了一台大型风力发电机，风能利用系数达到0.32。第二次世界大战前后，美国和欧洲一些国家相继建造了一批大型风力发电机组。美国1941年建造了一台容量为1250千瓦的大型机组，风轮直径达53.3米。英国1953年建造了一台结构颇为独特的风力发电机。它由一个高26米的空心塔和一个直径24.4米的翼类开孔风轮组成。风轮运转时造成压力差，迫使空气从塔底通气孔进入塔内，穿过设置塔内的空气涡轮后从翼类通气孔溢出。它的发电容量为100千瓦（风速14米／秒），但效率比较低。这一时期的小型风力发电机中，产量最大的是美国雅各斯风力发电公司生产的一种功率为1000瓦的机型。从1930年到1957年，曾销售出数万台，20世纪70年代后又重新恢复生产。

法国20世纪50年代，也曾建造过一座800千瓦的风力电站，但发生了叶片折断，后来终止发电。国际上现有风力电站，按容量大小，可分为大、中、小三种。容量在10千瓦以下的为小型；10～100千瓦的为中型；100千瓦以上的为大型。中小型风力发电设备的技术问题已经解决，主要用于充电、照明、卫星地面站电源、灯塔和导航设备的电源，以及边远地区人口稀少而民用电力达不到的地方。过去这种中小型风力电站都是孤立运行的，近期有的国家已把风力电站与电网并列运行，如德国设在斯捷京的一座100千瓦的风力电站，自1959年起一直向电网供电。

目前，世界最大的风力发电装置已在丹麦日德兰半岛西海岸投入运行，发电能力为2000千瓦，风车高57米，所发电量75%送入电网，其余供附近一所学校用电。

大型风力发电设备，由于风轮直径大，制造困难，材料强度要求苛刻，以及风轮与发电机之间的传动问题，还未完全解决，因此，大型风力发电站仍处于研究试验阶段。

近20年来，风力发电在世界许多国家都有较大发展，包括电子计算机在内的大量新技术和新材料应用到风力发电领域，新一代风力发电机已经出现，品种和装机量日益增多。

巧用风能

　　风能的弱点是能量密度低，稳定性差，常受气候影响，不连续(有季节性变化)等。为了克服风能的上述弱点，人们便想出了一些补救方法，如风光互补系统、风力蓄水发电等，再加上人造龙卷风发电、风帆助航、风力制热等，就构成了利用风能的多种形式。

　　风光互补系统风力发电与太阳电池发电组成的联合供电系统，称为风光互补系统。风力发电和太阳电池发电都可输出直流电，同时可以用蓄电池组充电，并靠蓄电池向负荷提供稳定的电能，如果用户是使用交流电器，还可加装逆变器，将直流电变为交流电源。

　　其实，太阳能与风能的弱点一样，都属于密度低，稳定性差，但二者合在一起，同时变为弱势的几率就小一些。尤其是就一般规律来说，白天太阳光强，夜间风多；夏天日照好，风力较弱；冬春季节风力较强，这样正好可以互补。因此，在设计风力发电和光电系统时，要根据当地的气象条件，选择适当的容量搭配，并在蓄电池方面留有足够的余地，以保证负荷的需要。不过，风光互补系统一次性投资较大，好在风力发电和太阳电池的寿命都较长，所以运转费用较低，只是蓄电池需要定期更换，但寿命较长，所以也不费事。

风力蓄水发电就是利用风力提水机，或风力发电带动水泵抽水，从而实现蓄能发电的水电站。在风力资源较好的地区，使风轮机不停运转，将水电站的下游水打回水库，可以增加水电站的发电量，特别是对于一些水源不足或枯水期较长的水电站，利用风力提水最为合适。

特别是有些低风速的多叶片风力机，要求风速不高，运转时间比较长，可以做到细水常流，逐级提水。例如美国亚利桑那州的凤凰风力大王公司，就有一种低速风力机，可在2.2米／秒的风速下，把水提高90米，这意味着在许多地方都可使用风力提水。

利用风力提水实际上就是蓄能的过程，在一定程度上不亚于蓄电池蓄电，尤其是大量蓄能。充分利用风蓄能不仅经济可行，而且能提高水电站的设备利用率。

人造龙卷风发电。在海洋和沙漠上空，由于太阳的辐射，热气流上升，冷空气下沉，形成上下流动的风。科学家们根据这种情况设计了一种巨大的筒状物，并让它飘浮在海洋或沙漠上空，然后用人工方式引导气流在筒内上下升降，从而驱动涡轮机进行风力发电。以色列的风能塔，就是利用这种方法试验建成的。

风力田

　　同一场地上安装几十甚至上百台风力发电机组，并联在一起，通过电子计算机控制，共同向电网供电的风能利用方式。科学家们认为，在一块土地上"种植"风力发电机，同种植农作物一样也有"收获"，甚至收获更大一些，所以称为"风力田"或"风力农场"。

　　1978年，美国最早提出风力田的概念。一年以后，在加利福尼亚州旧金山附近建起一座风力田，它由20台50千瓦风力发电机组成，总容量为1兆瓦。后来，加利福尼亚州又陆续建成十几座风力田，其中最大的一座由600台风力发电机组成，总装机容量达30兆瓦，到1985年8月，美国风力田的总装机容量已达620兆瓦，年发电量达6.5亿千瓦·时。加利福尼亚州的风力田装机容量占美国风力发电机容量的95％，全世界的75％。

美国风力田中绝大部分采用单机容量为50～200千瓦的风力发电机组。研究认为，这种中等功率机组并联发电的方式，比用大型机组并网发电更有利。由于兆瓦级大型机组技术比较复杂，一旦发生故障，不但要停止供电，而且维修费用也很高。如美国Mod-2型2500千瓦风力发电机，因一次风轮控制系统失灵造成巨大的损失，仅维修费就达50万美元。但如果采用中等功率机组并联发电，即使个别机组发生故障，也不会影响整个系统运行，维修费也不高。由于采用中等功率机组并联发电的技术不复杂，又经济实惠，所以目前一些国家已停止了大型机组发展计划，转向中型机组的开发利用。

中国从1985年开始在山东半岛、福建平潭岛建立小规模示范性风力田，选用国产中型机组和引进先进机型，取得了良好的效果。后来又在新疆、东南沿海一带建立了风力田。

发展风力田的先决条件是当地的风能资源丰富，风力发电机在设计风速下，全年运行时数不低于2500小时，安装地点的年平均风速不低于7.2米／秒，或10米／秒。其次，风力田必须和电网或常规电站并联运行，一般电网容量应比风力田装机容量大10倍，以保证风力田发电的稳定性，才不会引起电网供电出现大的波动。

总之，风力田是风力发电的发展方向，是未来大规模开发利用风能的主要形式。

风力发电有利于保护环境，然而由于需要建造庞大的构架，因此对景观和生物等会有一定影响。别外，风轮机噪音大，电力供应不稳定，鸟类对风机工作有影响等等，也成为风能利用中的美中不足。

风能采暖

066

　　风通常带来的是凉爽和寒冷。唐诗中有"日暮秋风起"，"静听松风寒"等诗句，都是描写风的凉爽和寒冷的。但风作为一种自然能源，从能量转换角度来说，它能产生机械能、热能和电能。北风凛冽，寒潮袭来之时，正是风力强劲，利用风能采暖的好时候。

　　将风能转换为热能，一般可通过三种途径：

　　经电能转换为热能：风能→机械能→电能→热能；

　　通过热泵：风能→机械能→空气压缩能→热能；

　　直接转换：风能→机械能→热能。

　　前两种是三级能量转换，后一种是两级能量转换，风轮轴输出的机械动力直接驱动制热器。转换次数越少，能量损失也就越小。所以由风能直接转换成热能，而不经过发电环节，越来越受到各国的重视。在日

本、北欧、北美一些地区，制造了一种称为"风炉"的设备，已经投入使用。

实现直接热转换的制热器，有以下几种：固体摩擦、搅拌液体、挤压流体和涡电流式。

固体摩擦制热。是由风轮输出轴驱动一组制动元件，在固体表面摩擦生成热，并加热液体。这种制热方式缺点很大，元件在摩擦生热的同时，磨损较大，需要定期更换维护制热元件。

搅拌液体制热。风力和动力输出轴带动搅拌转子旋转，使流体做涡流运动，产生动能，由流体动能转换成热能。这种方式的优点很多，例如制热器比较简单，容易制造，可靠性高，投入少，普通水就可以做吸热工具等。

挤压流体制热。风力机动力输出轴带动液压泵，将工作流体（一般为油）加压，把机械能转换成流体压力能，再让流体从小孔高速喷出，在很短的时间内压力就转换成流体动能，再由流体动能转换成热能。

涡电流制热。这种制热方式转换能力比较强。

风能直接热转换的效率高，用途广，除了提供热水外，也可作为采暖和生产用热的热力来源。如野外作业场所的防冻保温、水产养殖等。近十几年来，这项技术在一些国家发展很快。日本已发表多项风能直接热转换的专利技术，并建立风热转换实验装置。1982年，日本在北海道安装了一台风能直接热转换系统，称为"天鹅号"风炉。该系统风轮直径10米，制热器采用流体挤压式，液压泵转速为191转／分，生产温度达80℃的热水供应一家饭店的浴池。

通过一些国家的试验，风能直接转换已展现出美好的前景。

第四章　　海洋能工程

在可再生能源中，海洋能仍具有可观的能流密度。以波浪能为例，每米海岸线平均波功率在最丰富的海域是50千瓦，一般的有5～6千瓦；后者相当于太阳能流密度（1千瓦／平方米）。又如潮流能，最高流速为3米／秒的舟山群岛潮流，在一个潮流周期的平均潮流功率达4.5千瓦／平方米。

海洋能比较稳定，它不像陆地上的风能、水能那么容易散失。海洋是个庞大的蓄能库，它将太阳能，以及派生的风能等，以热能、机械能等形式蓄在海水里。海水温差、盐度差、海流都是较稳定的，24小时不间断，昼夜波动小，只稍有季节性的变化。潮汐、潮流则作恒定的周期性变化，对大潮、小潮、涨潮、落潮、潮位、潮速、方向，都可以准确预测。海浪是海洋中最不稳定的，是季节性、周期性的能源，而且相邻周期也是变化的。但海浪是风浪和涌浪的总和，而涌浪来自辽阔海域持续时日的风能，不像当地太阳和风那样容易骤起骤停，以及受局部气象的影响。

世界海洋能的分布情况如下：海洋热能主要分布在南纬30度到北纬30度之间的赤道带深水海域；潮汐能主要在潮差大而有良好地形的港湾河口，法国圣马诺湾、苏联白令海和鄂霍茨克海、中国的海宁钱塘江，以及印度、澳大利亚、阿根廷的海岸等；波浪能主要发生在南、北半球30度纬度之间的地区；北半球海浪峰值出现在大西洋、太平洋盆地东端的经度上，即英、美的西海岸；流速较大的海流，则发生在两大洋的西端，即著名的邻近日本的黑潮和邻近美国的墨西哥湾流；强潮流发生在海峡；盐度差能主要分布在世界各大河流入海处。

目前世界上各国对海洋能的开发利用，均处于初期阶段。对于潮汐能的开发技术比较成熟，已进入技术经济评价和工程规划阶段；海洋热能的利用正在进行工程性研究；波浪能的利用已处于试验研究阶段；海流、盐度差能的利用，尚处于原理研究阶段。科学家们相信，不远的将来，海洋能一定能够为人类造福，一定能够显示出它的强大能量来。

潮汐发电

　　海水的潮汐运动蕴含着巨大的能量，在水力发电的基础上，近代又将潮汐能用于发电。

　　据初步统计，全世界海洋一次涨落循环的能量为 8×10^{12} 千瓦，比世界上所有水电站的发电量要大出100倍，全世界的潮汐能约30亿千瓦，是目前全球发电能力的1.6倍。

　　据测量得知，世界上所有深海，例如太平洋、大西洋、印度洋等，潮汐能量并不大，总共只有100万千瓦，平均3瓦／平方千米。而浅海及狭窄的海湾却包含有巨大的潮汐能，例如英吉利海峡有8000万千瓦、马六甲海峡有5500万千瓦、黄海5500万千瓦，芬地湾2000万千瓦等。因此，一般潮汐电站都选择在海湾潮差大的地方。

　　世界上最大的潮汐电站，是法国的朗斯潮汐发电站。在法国的西南部，面对着英吉利海峡的圣马洛湾内，有一条长约100千米的小小的朗斯河注流入海。约20多千米长的朗斯河口区宛如一个内海，宽广的水域面积达2200公顷，来自大西洋的潮波，涌进朗斯河口，潮位陡然上涨，成为世界上潮差较大的区域之一，最大潮差可达13.5米，最小也有5米，平均8.5米，每天两涨两落，属于半日潮区。水库筑在最窄处的花岗岩基岩上，坝高12米，宽38米，全长750多米，面积22平方千米，涨潮平均进水量在1亿立方米以上。1966年8月建成，安装有24台单机容量为1万千瓦的双向贯流式水轮发电机组，总装机容量为24万千瓦，每年发电量达5亿千瓦·时以上。

20世纪50年代末，中国浙江省开始建起小型潮汐电站，1961年在温岭县建成一座40千瓦的沙山潮汐电站。沿海曾先后建成60座潮汐发电站，目前正常运转的有7座，每年可发电约1000多万千瓦·时，其中规模最大的浙江省温岭的江厦潮汐发电站，装机容量3900千瓦，在世界上排第三位。

温岭县濒临东海，岛屿众多，港湾交错。广阔无垠的太平洋的潮波，经过中国台湾省和日本的九州、琉球群岛一线，汹涌而来，温岭县沿海首当其冲，所以这里的潮汐现象十分显著，是中国潮差较大的半日潮区。

江厦潮汐试验电站，自1980年5月4日正式发电以来，已并入电网，为温岭地区的用电做出了贡献。据普查结果，如果中国沿海可开发的潮汐能都利用起来的话，年发电量将达到600～800亿千瓦，相当于现在每年全国发电总量的7%～8%。中国海岸线长达1.8万多千米，岛屿岸线长1.4万多千米，而且港湾交错，蕴藏着极其丰富的海洋潮汐能源，如果把中国潮汐能源利用起来，每年可以得电3000亿千瓦。

未来的潮汐发电站

　　目前的潮汐发电站有一个共同的弱点，即必须选择有港湾的地方修筑蓄水坝，建坝的造价昂贵，还可能损坏生态自然环境，同时又有泥沙淤积库内，必须经常清理。能否不建筑蓄水坝，在没有海湾的广大沿海地区也能利用潮汐能呢？这是长期以来许多科学家绞尽脑汁想解决的问题。

　　最近，西班牙科学家安东尼·伊尔温斯·阿尔瓦发明了不用建筑蓄水坝就可以利用潮汐发电的技术。虽然从发明到实施还会有一段过程，但他已使潮汐能的开发利用产生了革命性的变化。

　　阿尔瓦发明的新式潮汐发电系统中的一个关键设备是固定在浅海底地基上的一个中空容器。

　　这个中空容器有点像一个抽水机的泵，其中有一个活塞。在活塞上有一根很长的连杆和浮在海面上的一个悬浮的平板相连，悬浮的平板随潮汐的涨落上下运动，并带动中空容器内的活塞上下运动。

在涨潮时，活塞处于容器的顶部。当潮水下落时，容器上边的一个空气阀被打开，通过一根通气管和海面上的大气相通。与此同时，处于容器上方的一个进水阀也被打开，这样，水就可以流动，海水就经过涡轮发电机流进容器，水连续流动带动涡轮发电机发电。

当潮水又一次上涨时，悬浮的平板浮体带动活塞随潮水向上运动，此刻，容器的上下两个空气阀门自动关闭，容器顶部的出水阀同时打开，于是容器内的水在活塞的推动下流出。在潮水涨到最高位时，活塞再次被浮体带到容器顶部，这时出水口又自动关闭。此后整个系统准备随潮水的下落，重新开始发电。

阿尔瓦花了3年时间构想这种新式潮汐发电装置，这个装置的实验性原型机可以产生1兆瓦的电力，用6个月就可以建成并投产，它的维护费用低，所以将来的发电成本也较低。而且因不需要建筑蓄水坝，对自然景观和环境不会有较大的影响。

阿尔瓦准备再设计一个1000兆瓦的潮汐发电站，预计用3年建成，其造价仅为西班牙第一座发电量相同的核电站的一半。

新的潮汐发电站装置的中空容器固定在200米深处的海底地基上，地基是水泥和耐蚀金属制成的复合材料。在200米深处，海洋生物很稀少，对海洋生态不会有多大影响。为了不干扰沿岸游客的旅游观光，整个装置将设在离海岸3000米的海域，一座1兆瓦的潮汐发电站约占5000平方米的海面，发出的电力将通过海底电缆输送到岸上。

ok

海浪发电

　　广阔的海洋，风大浪高，巨浪千里，蕴涵有巨大的能量。据估计，海浪的能量在1平方千米的海面上，波浪运动每秒钟就有25万千瓦的能量。

　　早在19世纪初，人们就对利用巨大的波浪能产生了浓厚的兴趣，直到20世纪40年代，才有人对波浪发电进行研究和试验；50年代出现了可供应用的波浪发电装置；60年代进入了实用阶段。现在，全世界已研制成功几百种不同的波浪发电装置，主要可归纳为4类：

　　浮力式：利用海面浮体受波浪上下颠簸引起的运动，通过机械传动带动发电机发电；

　　空气气轮机方式：利用波浪的上下运动，产生空气流，以推动空气气轮机发电；

　　波浪整流方式：该装置由高、低水位区及不可逆阀门组成，当该装

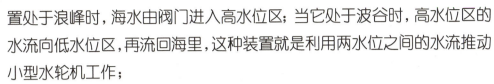

置处于浪峰时，海水由阀门进入高水位区；当它处于波谷时，高水位区的水流向低水位区，再流回海里，这种装置就是利用两水位之间的水流推动小型水轮机工作；

液压方式：即利用波浪发电装置的上下摆动或转动，带动液压马达，产生高压水流，推动涡轮发电机。

波浪发电比其他的发电方式安全，不耗费燃料，清洁而无污染。如果在沿海岸设置一系列波浪发电装置，还可起到防波堤的作用。因此，近年来波浪发电备受世界各沿海国家的重视。各国纷纷作出规划，投资发展波浪发电，建立波浪发电站。

目前，英国和日本在波浪发电方面走在世界前列。日本的大多数航标浮筒、灯桩、灯塔等，都靠波浪发电提供电源。美国海洋能技术公司近年一直致力于研究一种新的波能发电系统。据报道，他们已成功地研制出一种压电聚合物，这种聚合物在被海洋波浪拉伸时可以产生电能，这种方法可望代替传统的波浪发电系统。

从20世纪70年代中期开始，中国也开始研究波浪能发电技术，现在已经能够生产系列化的小型波浪能发电装置，以作为航标灯、浮标的电源。1985年，中国科学院广州能源研究所研制成功BD-102号波力发电装置，达到世界先进水平，受到世界能源界的瞩目。1990年12月，中国第一座具有实际使用价值的海浪发电站发电试验成功。随后，广东开始着手建造一座20千瓦的海浪发电站，另外，国家还计划在山东、海南等地建造装机容量为100千瓦的海浪发电站。

据计算，全世界的海浪能约为30亿千瓦，其中可以利用的能量约占1/3，因此利用海浪发电大有可为。

波浪发电原理

076

　　波浪发电的原理很简单。这个原理是从使用打气筒给自行车打气，从而得到启发发明的。打气筒与海浪发电，乍看起来是风马牛不相及的事，它们之间有什么联系呢？

　　1898年，法国科学家弗勒特切尔，从打气筒给自行车打气得到了启发：打气筒一拉一推的简单动作，是由人力来完成的，海水的波浪正是上下起伏运动的，这一动作为什么不能让海水的波浪来完成呢？于是，他设计了一个带有圆柱筒的浮体，用海浪的上下运动压缩圆柱筒内的空气。

　　弗勒特切尔的这次试验，不是利用海浪给自行车打气，而是去吹动一只哨笛，让它发出如同老牛低沉的吼声。人们把这样的浮体安装在航行有危险的地方，警告来往船只，这就是海上的"警笛浮标"，或称它是"零号"。它是人们直接利用海浪能的初级形式。在雷达和无线电导航还没有诞生和普遍应用的年代，尤其在伸手不见五指的大雾天气，低沉浑厚、略带咽音的雾号，引导船只避开浅滩，绕过暗礁，在导航和发布大浪警报方面立下了不朽的功劳。

自从警雾器诞生以来，法国沿岸、世界各个海区，以及中国有些地方，都陆续装置使用，从此海浪开始了为航海服务的征程。

既然海浪在圆柱筒内造成的压缩空气能够吹响哨笛，为什么不可以驱动气轮发电机发电呢？

实现这个设想的第一个人是法国的波拉岁奎。他于1910年在法国海边的悬崖处，设置了一座固定垂直管道式的海浪发电装置，并获得了1千瓦的电力。这次成功大大地鼓舞着热心于海浪发电的科学家们。

从此以后，关于利用海浪发电的设想如雨后春笋，不断涌现。但基本原理仍然是打气筒原理，就是利用波浪一起一伏的上下垂直运动，推动装有活塞的浮标，这个浮标就像一个倒装的打气筒。打气筒是人从上面一下一下地压活塞，而浮标则是从下面借助波浪的起伏运动一下一下地向上推活塞。由活塞与浮标的相对运动，产生的压缩空气就可以推动涡轮机，并带动发电机发电。

目前，世界上已经能生产这种波浪发电的装置，并在海洋中运行。不过，这种波浪发电机的功率比较小，仅有60瓦、500瓦和1000瓦，多用于导航或安装在灯塔上。

随着科学技术的发展，近年来波浪发电也有了新的进展。科学家利用在一根杆子的一端装上螺旋桨，当它浮在水面上下移动时螺旋桨就会转动起来的原理，设计了一种新型的波浪发电装置。

海流发电

　　利用海流发电有许多优点，它不必像潮汐发电那样，需要修筑大坝，担心泥沙淤积；也不像海浪发电那样，电力输出不稳定。目前海流发电虽然还处在小型试验阶段，它的发展还不及潮汐发电和海浪发电，但人们相信，海流发电将以稳定可靠、装置简单的优点，在海洋能的开发利用中独树一帜。

　　海流发电装置的基本形式，与风车、水车相似，所以海流发电装置常被称为水下"风"车，或潮流水车。海流发电装置基本上有以下几种形式：

　　轮叶式。发电原理就是海流推动轮叶，轮叶带动发电机发电。轮叶可以是螺旋桨式的，也可以是转轮式的。轮叶的转轴有与海流平行的，也有与海流垂直的。轮叶可以直接带动发电机，也可以先带动水泵，再由泵产生高压来驱动发电机组。整个装置可以是固定式的，也可以是锚系式的；可以是全潜式的，也可以是半潜式的。虽然形式不同，但它们的原理都是相同的。

日本设计的这种形式的海流发电装置，轮叶的直径达53米，输出功率可达2500千瓦。美国设计的类似海流发电装置，螺旋桨直径达73米，轮出功率为5000千瓦。澳大利亚建成的一台"潮流水车"，可装在锚泊的船上或者海上石油开采平台上，用时放下发电，不用时可以吊起来。法国设计了固定在海底的螺旋桨式海流发电装置，直径为10.5米，输出功率达5000千瓦。

降落伞式。整个装置设计独特，别具一格，结构简单，造价低廉，不论流速大小，都能顺利工作。整个装置用12个"降落伞"组成，它们串联在环形的铰链绳上。"降落伞"长约12米，每个"降落伞"之间相距约30米。当海流方向顺着"降落伞"时，依靠海流的力量撑开"降落伞"，并带动它们向前运动；当海流方向逆着"降落伞"时，依靠海流的力量收拢"降落伞"，结果铰链绳在撑开的"降落伞"的带动下，不断地转动着。铰链绳又带动安装在船上的铰盘转动，铰盘则带动发电机发电。

磁流式。这种海流发电方式还处在原理性研究阶段。它的基本原理与磁流体发电原理大体相同。磁流体发电是当今新型的发电方式，它用高温等离子气体为工作物质，高速垂直流过强大的磁场后直接产生电流。现在以海水作工作物质，当存有大量离子（如氯离子、钠离子）的海水垂直流过放置在海水中的强大磁场时，就可以获得电能。磁流式发电装置没有机械传动部件，不用发电机组，海流能的利用效率很高，可成为海流发电的最优装置。

潮流发电

　　潮流是海（洋）流中的一种，海水在受月亮和太阳的引力产生潮位升降现象（潮汐）的同时，还产生周期性的水平流动，这就是人们所说的潮流。由于潮流和潮汐有共同的成因（都是由月亮和太阳的引力产生的）、有共同的特性（都是以日月相对地球运转的周期为自己变化的周期），因此，人们把潮流和潮汐比做一对"双胞胎"。所不同的只是潮流要比潮汐复杂一些，它除了有流向的变化外，还有流速的变化。

　　潮流的流速一般可达2～5.5海里／小时，但在狭窄海峡或海湾里，流速有时很大。例如，中国的杭州湾海潮的流速11～12海里／小时。潮流的流速虽然很大，但因它的流向有周期性的变化，所以流不远，只是限于一定海区内往复流动或回转流动。回转流动就像运动员在运动场上练习长跑一样，只是围绕跑道不停地做圆周运动。

由于潮流的流速很大，因此，潮流蕴藏有巨大的能量，可以用来发电。潮流发电的原理和风车的原理相似，都是利用潮流的冲击力，使水轮机的螺旋桨迅速旋转而带动发电机。潮流发电的水轮机有多种形式，比较简易的是潮流发电船。发出的电流通过电缆输送到陆地上。

潮流的流向是有周期性变化的，尤其是往复流动潮流流向的周期性变化更为显著。这样，安装在船体两侧的水轮机螺旋桨应对称，并且方向相反，以便顺流时由一侧螺旋桨旋转发电；逆流时就由另一侧的螺旋桨旋转发电。据计算，直径为50米的螺旋桨，可以利用通过海水能量的15%，在潮流流速为6海里／小时，一台发电机能发出约4千瓦的电量。

中国在舟山群岛进行潮流发电原理性试验已获成功，试验是从1978年开始的。发电装置采用锚系轮叶式，螺旋桨直径2米，共4叶，双面作用对称翼型，以适应潮流的变化。发电最小流速为1米／秒，最大流速为4米／秒。螺旋桨水轮机带动液压油泵，正向反向都能输出高压油，高压油驱动液压油马达，液压油马达带动发电机发电。

这项试验分室内模拟、海上装船拖航发电、海上锚泊潮流发电三个阶段。现在，试验虽然在原理性潮流发电上已取得了初步进展，但发电装置还有待进一步改进。实际的潮流发电装置和潮流发电站还在设想之中。

利用潮流发电有许多优点，未来的发展前景是很乐观的。

海水温差试验电站

第二次世界大战结束后，人们又开始沿着克劳德一系列试验的足迹继续迈进。

1948年，法国开始在非洲象牙海岸首都阿比让附近修造一座海水温差发电站，这是世界上第一座海水温差试验发电站。这里海水表层水温高达28℃，数百米深的海水温度只有8℃，既可以在这里获得温差为20℃的冷热海水，又不必安装又长又深的冷水管道，所以这里的自然条件十分理想。

世界上第一座海水温差试验发电站的发电原理，还是克劳德于1929～1930年试验时所采用的原理，即以海水作为工作物质的开式循环。它的工作原理是：表层温度高的海水用泵泵进蒸发器，温海水在低压下蒸发，产生的水蒸气推动汽轮发电机发电，工作后的水蒸气沿着管道进入冷凝器，水蒸气被冷却凝结成水后排出。冷凝器内不断用泵泵入深层冷海水，冷海水冷却了水蒸气后又回到海里。作为工作物质的海水，一次使用后就不再重复使用，工作物质与外界相通，所以称这样的循环为开式循环。

当时这座海水温差发电站，安装了两台为3500千瓦的发电机组，总功率为7000千瓦，它不但可以获得电能，而且还可以获得很多有用的副产品。例如，温海水在蒸发器内蒸发后所留下的浓缩水，可被用来提炼很多有用的化工产品，此其一；二是水蒸气在冷凝器内冷却后可以得到大量的淡水。所以开式循环海水温差发电是一举两得。

不过，实践也证明，这种方式发电也有其弱点，阻碍了海水温差发电的发展。

第一，在低温低压下海水的蒸汽压很低，为了使汽轮发电机能够在低压下正常运转，机组必须制造得十分庞大。例如，阿比让海水温差发电站的汽轮发电机组，它的功率只有3500千瓦，而汽轮机直径竟有14米。

第二，开式循环的热效率很低，只有2%左右，为了减少损耗，不得不把各种装置和管道设计得很大，庞大的海水温差发电站，发电量却不大。

第三，开式循环需要耗用巨量的温海水和冷海水，它们都靠泵来泵入蒸发器和冷凝器内，同时为了保持蒸发器的低压状态，也要靠泵来抽空，因此电站发电量的1/4～1/3要消耗在系统本身的工作上。

第四，在海洋深处提取大量的冷海水，不但存在许多技术困难，而且要用大量的投资。投资巨大，实际输出电力却不大，因此不为人们看好。

浓差电池

084

目前海水盐度差发电主要有两种方式：一种是利用数百米水柱高的渗透压，使海水升高，然后获得海水从高处流向低处的势能来发电，这种发电的原理和能的转换方式与潮汐发电相同；另一种是化学能直接转换成电能的形式，也就是浓差电池（也叫渗透式电池）的形式。

对海水盐度差能的利用，现在正处于原理性研究和试验阶段，同其他海洋能的利用相比，它开发比较晚，成熟度比较低，但潜能很大。海水盐度差能利用的主要形式，仍然是转化为电能来使用。

最近，日本的科学家在海水中设置了一个装有半透膜的渗透室，在渗透室中注入淡水，用这种方式取得了每平方米半透膜可发电0.25千瓦的实验成果。这个成果对于海水盐度差能的开发利用来说，已迈出了可喜而坚实一步。

这里专门谈谈浓差电池。

大家都很熟悉的普通电池是化学能与电能之间进行转换的一种装置。浓差电池也属于将化学能转换成电能的装置,选择两种不同的半透膜,一种只允许带正电荷的钠离子(Na^+)自由进出,一种则只允许带负电荷的氯离子(Cl^-)自由出入。用这两种半透膜分别制成两个容器,容器内装入海水插上电极,将它们并排浸入淡水槽内。那个只允许正钠离子自由进出的容器的电极呈负性,而只允许负氯离子自由进出的容器电极呈正性,这样两个电极之间就存在了电动势。如果连成回路,就有电流流过。左边容器的氯离子不断向淡水渗透,右边容器的钠离子也不断向淡水渗透,结果维持了电流的不断输出,同时使海水变淡,淡水变咸,直到盐度差相等为止。如果淡水和海水都可以源源不断地加以补充,那么浓差电池就可以持续地输出电能了。如果将许多单个的浓差电池组合起来,就可以得到很大的电流了。如果把浓差电池装置建造在河流入海处,这里淡水和海水之间的盐度浓差最大,浓度差能也很大,就成了海水盐度差发电站了。

浓差电池也可采用另一种形式:即在一个U形连通管内,用离子交换膜隔开,一端装海水,一端装淡水,如果两端插上电极,电极间就会产生0.1伏的电动势。因为淡水的导电性很差,为了减小电池内阻,淡水中应加点海水,选择适量的海水加入,可以得到的最大电位差为0.035伏。

浓差电池的原理并不复杂,实验均获成功,然而要把实验成果转化为实用化程度,应该说还有一段距离。所以,目前仍处于理论阶段。

浓差发电

　　人们设想中的浓差发电，就是利用渗透压发电装置来发电。那么，这是一个什么样的装置呢？一位美国科学家设想把它装置在河口附近与海水的交汇处，全部装置由拦水坝、水压塔、半透膜、水轮机、发电机、海水导出管、海水补充泵、淡水导出管等部分组成。

　　渗透压发电大致的工作原理和过程如下：淡水和海水用半透膜隔开，淡水通过半透膜渗透到海水中，使海水在水压塔内升高，上升到一定高度，由海水导出管流出，这样具有了一定热能的海水就推动水轮机转动，水轮机带动发电机发电。为了保持水压塔内的海水有较高的盐度，用海水补充泵补充海水，海水补充泵由水轮机带动。淡水导出管用来调节淡水量，将过剩的淡水排出，使淡水保持在一定的水位高度上。

　　渗透压发电装置发电量的大小，取决于海水导出管的流量大小和水位的高度。而流量大小又取决于淡水渗透过半透膜的速度。半透膜的面积越大、海水盐度越大，以及水压塔中的水压越小（即水位高度越小），淡水渗透的速度就越快。淡水渗透速度还与半透膜的性质有关，在其余条件相同的情况下，应采用渗透效率高的半透膜。发电装置输出的能量中，有一部分要消耗在装置本身上，如海水补充泵所消耗的能量、半透膜进行洗涤所消耗的能量。预计此装置的总效率可达 25%，也就是说只要每秒能渗入 1 立方米的淡水，就可以得到 500 千瓦的电力输出。

　　这一咸一淡浓差发电，要投入实际使用，尚需要解决许多困难。例如，要建设几千米或几十千米的拦水坝和 200 多米高的水压塔，工程太浩大了。又如半透膜要承受 20 多个大气压的渗透压，难以制造；如果期望得到 1 万千瓦的电力输出，则需要 4 万平方米的半透膜，没法制造。如果半透膜的高度为 4 米，那么它的长度就有 10 千米，相应的拦水坝就要超过 10 千米，投资将是十分惊人的。

　　海洋盐差能发电的设想是 1939 年由美国人首先提出来的。最先引起科学家浓厚兴趣的试验地点是位于以色列和约旦边界的死海。死海是世界最咸的湖，湖水比一般海水含盐量至少高 5～6 倍。每升海水含盐 250 克左右，110 米深处可增至 270 克，水的密度特大，人可以横躺在海面上而不会下沉。离死海不远的地中海比死海高出 400 米，如果把地中海和死海沟通，利用两个海面之间的高差，让地中海里的水向死海流动，在其流动过程中就可以发出电来。目前，一座沟通地中海和死海间的引水工程及建在死海边的试验性的发电站工程已经开始进行，一旦投入运行，该电站将能发出 60 万千瓦的电力。

海洋生物电站

在海洋中有海藻或水草等水生植物、单细胞微小藻类等。生物资源因为是可再生性资源，如果经过适当管理，是不会枯竭的。太阳光可照射到地球上每个角落，都有可能加以利用。另外，生物资源也是太阳能量的良好贮藏方式。

海洋是生命的摇篮。在海洋的表层，阳光射入浅海，这里生长着许多单细胞藻类：绿藻、褐藻、红藻、蓝藻等。它们从海水中吸取二氧化碳和盐类，在阳光下进行着光合作用，形成有营养的碳水化合物，同时放出氧在海水中形成过多的带负电的氢氧离子（OH^-）。

海洋的底层是海洋动植物残骸的集聚地，也是河流从陆地带来丰富有机质的沉积场所。在黑暗缺氧的环境下，细菌分解着这些海底沉积物中的动植物残体和有机质，形成多余的带正电荷的氢离子（H^+）。于是海洋表层和底层的电位差产生了。实际上这是一个天然的巨大的生物电池。

从海洋生物中生产生物电池的可能性，是从科学家曾经做过的一个实验获得证实的。这个实验如下：

把酵母菌和葡萄糖的混合液放在具有半透膜壁的容器里，将这个容器浸沉在另一个较大的容器中。容器中盛有纯葡萄糖溶液，其中有溶解的氧气。在两个容器中都插入铂电极，连接两个电极便得到了电流，这说明微生物分解有机化合物的时候，就有电能随之释放出来。根据这个原理制造的电池，叫做生物电池。

生物电池比电化学电池有许多优点：生物电池工作时不放热，不损坏电极，不但可以节约大量金属，而且电池的寿命也比电化学电池长得多。

现在，以生物电池作为电源，已用于海洋中的信号灯、航标和无线电设备。有一种用细菌、海水和有机质制造的生物电池，用做无线电发报机的电源，它的工作距离已达到10千米，用生物电池做动力的模型船已在海上停放。

从生物电池的工作原理，科学家们想到了海洋。他们认为一望无际的海洋就是一个巨大的天然生物电池。所以，科学家们提出了在海洋上建立天然生物电站的设想，即利用海洋表层水和海洋底层水的电位差来产生电流。可以预料，随着科学技术的不断进步，人们定会在海洋上建立起大型的天然生物电站，发出巨大的电流，造福人类。

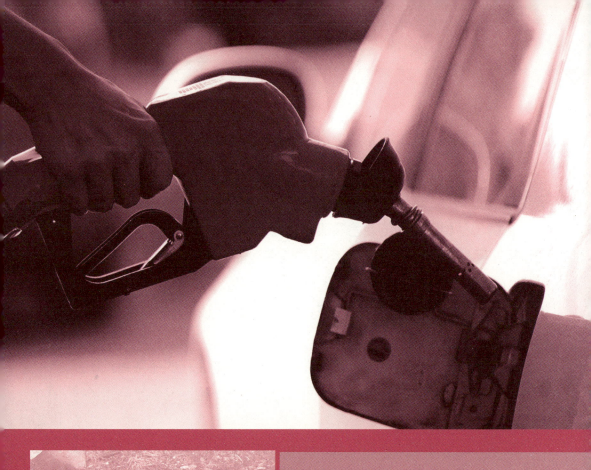
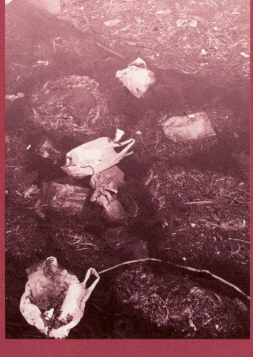

第五章　　生物质能的开发

目前世界各国为了利用生物质能所逐步采用的方法，大致有以下几种：

1. 热化学转换法：可以获得木炭、焦油和可燃气体等品位高的能源产品，该方法又按其热加工的方法不同，分为高温干馏、热解、生物质液化等方法。

2. 生物化学转换法：主要指生物质在微生物的发酵作用下，生成沼气、酒精等能源产品。

3. 利用油料植物所产生的生物油(如续随子、绿玉树等产油树木)。

4. 把生物质压制成型状燃料，以便集中利用和提高热效率。

发展薪炭能源有许多优点：

首先，薪炭林能源是再生的能源，只要把树种在地上，就能在生长季节通过叶绿素的光合作用，把太阳能固定在树林中。据估算，全世界的森林每年固定的太阳能，相当于900多亿吨标准煤，这是一个潜力巨大的能源宝库。

其次，种薪炭林简单易行，成本低，见效快，树木固定化学能的机理虽然复杂，但可以自然进行，不需要人工操纵，而且太阳能储存在树中，用之即取。一粒种子种下后，长出树来，只要不毁坏它，就可以长期存藏能量。

第三，薪炭柴不含硫等有害元素，燃烧时污染大气程度低，燃烧后的灰分还是很好的钾肥。因此是一种清洁的燃料。

第四，更重要的是，树木在进行光合作用时，吸收空气中的二氧化碳，燃烧时，又将二氧化碳释放回空气中，保持着大气成分的平衡。

第五，树林还能防风固沙，涵养水源，改善气候和美化环境，这些都是其他矿物质能源所无法相比的。

综上所述，生物质能资源是十分广泛和丰富的，是替代化石燃料，减少环境污染的"绿色燃料"，合理利用生物质能，可以变害为利，其发展前景十分光明。

但是，生物质能也有不足之处，例如热值及热效率低，体积大而不易运输，直接燃烧生物质的热效率仅为10%~30%。因此，要合理、有效地利用生物质能，还需要发展先进实用的生物质能利用技术。

生物质的汽化和液化

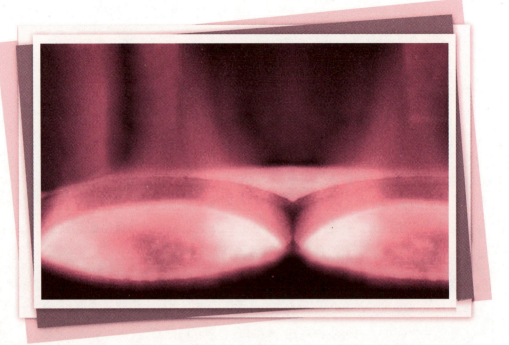

　　生物质通过微生物的作用，自身的分解或其他方面的变化，成为可燃性的气体或液体，就达到汽化或液化的目的了。生物质作为微生物的养料，借微生物制造沼气，属于生物质能的转换，也可以称为生物质间接汽化。但是生物质通过自身的分解，也可以生成燃料气，这个过程叫直接汽化。此外，生物质还可通过直接或间接的方法生成流体燃料，如乙醇、甲醇和生物柴油，这就叫生物质液化。

　　此外，还可以把生物质压制成块、棒等燃料，以便集中利用和提高燃烧的热值，这是生物质的固体化。

　　简单说来，生物质的汽化过程是一个不完全的氧化过程。因为完全氧化就是燃烧，产生的气体为二氧化碳，这是不可燃烧的气体。如果把生物质放在一种不完全氧化的状态，这样产生的气体就有大量的一氧化碳，俗称"水煤气"，这是一种可燃烧的气体，就好像城市煤气一样。生物质汽化反应，必须在生物质燃烧时氧不足的情况下进行，一般只通入20%的氧气，让它处于不完全燃烧状态。通常这种氧化不需要外加热，只需要消耗本身一部分生物质放出的热量就足够了。

生物质汽化所产生的气体，其组成成分为一氧化碳、氢、甲烷和二氧化碳等的混合气体，它的热值为1000～3000大卡热量。如此看来，生物质的汽化反应比生物质的直接燃烧效率要高4～6倍。目前，许多国家利用汽化炉焚烧城市垃圾，一方面对垃圾进行无害化处理，另一方面又可回收部分能源用来发电。

生物质的液化方法很多，主要有热化学分解法（汽化、高温分解）、生物化学法（水解、发酵）、机械法（压榨、提取）、化学合成法（甲醇合成、酯化）。液化所得的产品为醇类燃料（甲醇和乙醇）及生物柴油，是未来代替汽油和柴油的新型能源。

未来，醇类燃料必将成为代用燃料，目前不少汽车都在掺烧甲醇（木精）或乙醇（酒精）。也有的车辆专门使用甲醇或乙醇。如德国大众汽车公司就生产用甲醇做燃料的汽车。

近年来，许多欧美国家研制了多种生物质压块燃料，有的是全部用生物质挤压成型，有的还掺进低热值化石燃料，如泥炭、褐煤等，以增加密度，提高热效。有一种添加化石燃料的生物质压块，经过适当的物理化学处理，并经热压成型后，热值很高，而且燃烧时的灰渣较少，烟尘也不多，可以用于火电厂代替煤炭，经济效益明显。

生物质能工程

094

　　自然界的植物通过叶绿素进行光合作用而生长。但多数植物的光合效率不高，植物生长速度缓慢，特别是多年生木本植物更是这样。地球上的植物每年通过光合作用捕获的太阳能，太约相当于全球人类消耗能量的100倍，这些能量是大自然赐给人类的宝贵资源。在过去的很长时期中，人类完全依靠植物生物质做能源，但利用率和效率都很低。为了重新广泛使用生物质能源，需要探索如何把它们蕴藏的太阳能既充分又高效地释放出来。

　　许多科学家设想，如果把植物的光合效率提高到5‰以上，这样植物的生长速度将会快得惊人，这就是如何利用生物工程开发生物质能的问题。

　　利用生物工程开发生物质能方面，目前已经出现了一些可喜的初步研究，例如，利用基因工程、细胞工程和微生物工程等科学技术，开辟生物能的新领域。

总的说来，植物为碳水化合物。它由淀粉、纤维和其他大分子生物质组成。纤维类占绝大多数，其主要成分是纤维素、半纤维素和木质素等。纤维素是由葡萄糖基组成的线型大分子。单纯的纤维素很容易降解为葡萄糖或转化为酒精；木质素是可再生的植物纤维资源各组分中蕴藏太阳能最高的，也是地球上最丰富的可再生资源（估计全世界每年可产生 6×10^6 亿吨）。木质素是自然界最复杂的天然聚合物之一，它的结构中重复单元间缺乏规则性和有序性，它的黏结力把纤维凝聚在一起，以增加强度，使之能在自然界的复杂环境中长期存在。

根据植物的物质组成，利用生物工程培养植物高速生长，世界一些国家已经取得了成就。新西兰培育了一种高光效植物，它能在一年之内，使一个树芽繁殖100万株树苗，3个月内幼树可长高1.5米。美国宾夕法尼亚州立大学，育出一种杂交的杨树，能使6‰的太阳光能转化为碳水化合物，美国加利福尼亚大学培育的热带大戟科植物，每公顷可产油约100桶。

最近，中国科学院石家庄农业现代化研究所，利用生物工程技术培养树苗，年产能力达150万株，他们在高度集约化立体培养架上，一次生产试管苗1万株／平方米，这相当于常规密植育苗的10倍以上。

这些高科技成果，给人们带来极大的希望，预示着人类将从植物身上取得绿色燃料的突破。现代科技为培育开发生物质能创造了条件，可为人类提供价廉、清洁、高效、方便的燃料。"绿色燃料"——生物质能的发展前景将是十分广阔的。

人工制取沼气

　　沼气可以人工制取。把有机物质，如人畜粪便、动植物遗体、工农业有机物废渣、废液等，投入沼气发酵池中，经过多种微生物（统称沼气细菌）的作用，就可以获得沼气。沼气细菌分解有机物产生沼气的过程，叫做沼气发酵。

　　研究微生物产生沼气已有100多年的历史。早在1866年，勃加姆波首先指出甲烷的形成是一种微生物学的过程。以后，经过许多科学家的研究，逐步建立起嫌氧发酵制取沼气的工艺。

　　沼气微生物（产甲烷菌群）广泛存在于自然界中，例如湖泊、沼泽的底层污泥中，有机物质经沼气微生物的发酵作用而产生出可燃气体，自水中冒出来。有些反刍动物的胃里（如牛胃），有时也有沼气产生。人们有意识地建造的沼气发生器，就叫"沼气池"。沼气池中通常填入人畜粪便、秸秆和杂草等有机物质，在密闭缺氧的情况下进行发酵，产生沼气。在这种发酵池中产生沼气，是由多种微生物共同完成的。除甲烷菌外，还有纤维素分解菌、半纤维素分解菌、蛋白质分解菌、脂肪分解菌和乙酸菌等。其中，纤维素菌能产生一种溶解纤维素的生物催化剂——纤维素酶，它能把秸秆中数量巨大的纤维素变成葡萄糖。蛋白质分解菌专门使蛋白质分解成氨基酸。乙酸菌专门生成乙酸、氢和二氧化碳。这些不同的细菌都能直接或间接地为甲烷菌提供养分，从而促进甲烷生成。

沼气发酵是多种微生物参与的混合发酵。目前已知的参与沼气发酵的微生物大约有20多属，100多种，包括细菌、真菌、原生动物等微生物类群，大体上可分为以下几类：分解细菌、产酸细菌、产氢细菌、甲烷细菌等。产甲烷的甲烷细菌现在已知的也有13种，20多个菌株。

在沼气池中的各种微生物之间，既有相互对抗的一面，如争夺食物等；也有互相协调一致的一面，如一种微生物的代谢产物，是另一种微生物的食物，表现出既对抗又统一的矛盾，正是这样的矛盾过程使各种有机物质最终转化为沼气。如果沼气池中只有甲烷细菌，而没有纤维素分解细菌、蛋白质分解菌、果胶分解菌等其他种类的微生物，那么甲烷细菌也就无法生存。因为甲烷细菌所需的各种物质，如有机酸、醇、氢、二氧化碳等低分子的化合物，正是众多的微生物分解大分子化合物后为它提供的。这些微生物在分解代谢中产生的大量还原性物质，如硫化氢、一氧化碳、氢等，为甲烷细菌创造了极为严格的厌氧环境。

制造沼气的原料

制造沼气的原料都是些有机物质，例如人畜的粪便、秸秆、杂草、工农业有机废物，污泥等等。各种原料能够生产的沼气量是不相同的。

实践证明，作物秸秆、干草等原料，产气缓慢，但比较持久；人畜粪水、青草等，产气快，但不能持久。所以把二者合理搭配，可以达到产气快而且持久的目的。

在实际制取沼气的过程中，适量投料很重要，正规生产沼气时必须按表中的原料每吨干物质生产沼气量和甲烷含量，来合理投放原料，如果原料投放少了，则不能充分发挥发酵池的功能；如果原料投放多了，则不能使原料充分发酵，产沼气量也少，浪费了原料。所以，投放多少原料，必须经过公式计算，科学地投放。

原料中所含的碳和氮必须保持适当的比例,因为碳是生成二氧化碳和甲烷所必须的化学成分,氮是菌体生长所必须的养分,所以在配料入池时要使发酵原料中所含的碳和氮保持适当比例,给沼气细菌提供充足的碳素营养和氮素营养,使其生长繁殖旺盛,以使沼气池产气又多又快,持续时间长。试验表明,发酵原料的碳氮比在 25～30:1 时产气效果最好;碳氮比在 6～30:1 时仍是合适的,最高不能超过 40:1。这里碳氮比例可以测量出来,如何达到这样的比例,也有专门的公式来计算。

其次,原料中所含的阻害物不能超过抑制浓度。在发酵原料中往往有些成分对发酵有阻碍作用,所以称为阻害物。当原料中的阻害物超过抑制浓度时,将使发酵不能顺利进行,需要在发酵前除去阻害物或稀释到抑制浓度以下。阻害物有:硫酸根、氯化钠、硝酸盐、铜离子、铬离子、镍离子、合成洗涤剂、氨离子、钠离子、钾离子、钙离子、镁离子等等。

水压式沼气池

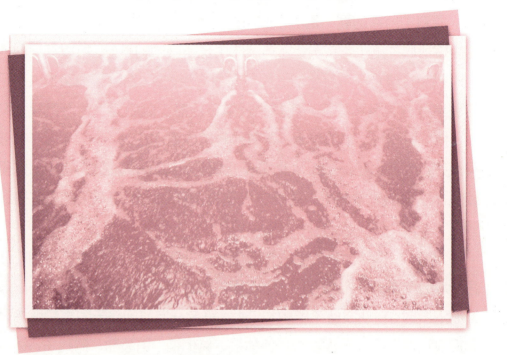

　　沼气发酵池是制取沼气的最基础的设备，目前已有很大类型的发酵池，例如水压式沼气池、浮动气罩式沼气池、塑料薄膜气袋式沼气池等。中国沼气池的建设达到了相当的科学水平，它以结构简单、造价低廉在世界上处于第一位。

　　中国从20世纪30年代就开始研究水压式沼气，是该领域发展较早的国家，所以世界上将这种沼气池结构称为"中国式沼气池"。这种沼气池数量居世界之最，这项技术已为第三世界国家所采用。近20年来，经过反复研究改进，一般认为，以"圆、小、浅"为主要特点，直管进料、活动盖的"中国式"水压式沼气池，比较适合在各国农村广泛使用。

　　水压式沼气池的形式很多。例如，按水压箱的布置可分为顶反式和侧反式；按池的几何形状可分为圆柱形、长方形、球形、椭球形等。经过实践，圆柱形水压式沼气池，即所谓"圆、小、浅"——圆柱形、小型、浅池的沼气池的优点较多，应用比较广泛。这种沼气池是由发酵间和贮气间两部分组成，以发酵液液面为界，上部为贮气间，下部为发酵间。随着发酵间不断产生沼气，贮气间的沼气密度便相应地增大，使气压上升，同时把发酵料液挤向水压箱和使发酵间与水压箱的液面出现位差，这个液位差，就是贮气间的沼气压力，两者处于动平衡状态。这种过程叫做"气压水"。

当使用沼气时，沼气逐渐输出池外，池内气压慢慢减小，水压箱的料液又流回发酵间，使液位差维持新的平衡。这个过程就叫"水压气"。如此不断地产气、用气，沼气池内外的液位差不断地变化，这就是水压式沼气池的基本工作原理。

从技术上来说，它具有结构紧凑的特点，发酵与贮气合成一体，利用液位差调节沼气的压力，使输气和用气方便，造价比其他沼气池便宜。

水压式沼气池，一般用水泥建造池子，所以农村中又通俗地叫它为"水泥沼气池"，这样可以区别以其他材料为主建造的沼气池。

水压式沼气池也存在着一些缺点，例如，土方开挖量大，施工技术要求高，出料比较困难，产气率偏低，一般产气率0.1～0.15，寒冷地区越冬困难。

中国的一些农村把水压式沼池建成的"三结合"的沼气系统，即把沼气池、猪圈、厕所三者建在一起，充分利用人畜粪便，自动入池，源源不断地补充发酵原料。

第六章　地热能的开发

　　直到 20 世纪，地热能才被大规模地用于发电、供暖和工农业生产。1904 年在意大利拉得瑞罗首次利用地热蒸汽发电成功，而较具规模的地热城市供暖，则始于 20 世纪 30 年代(冰岛)。地热利用的步伐在 20 世纪 70 年代初开始加快，到 2000 年 2 月，全世界地热发电总装机容量已达 7947 兆瓦。

　　作为新能源大家族中的一员，地热能同太阳能、风能、生物质能一样，除个别国家以外，目前在整个能源结构中的地位可以说是很小的。但就作为一种正在快速发展中的新能源，将日益发挥更大的作用。在太阳能、风能、潮汐能与地热能这几种新能源中，地热能的装机容量已占 60% 以上，年产能值则更是高达 80% 左右。显然，地热能已成为新能源大家族中最为现实的能源。

　　至于中低温地热资源的开发利用，若考虑到热泵技术的应用，在不远的将来，地热在所有能源系统中的地位将会大大提高。例如，美国到 1997 年底，已有 30 万台地热热泵在运转，每年可提供 8000~1.1 万吉瓦·时的电能用于供暖或空调。瑞士是一个传统意义上没有地热资源的国家，但采用热泵技术后，1995 年已可提供 228 吉瓦·时的热能供于采暖。总之，热泵技术将给地热直接利用开辟一个新天地，在所有能源系统中的地位将与日俱增。

　　上面提到的热泵技术，就是依靠消耗机械功，使热能从低温流向高温的装置，称为热泵，中低温地热水，如果使用热泵技术，可以提高温度，并加以利用。

　　地热是一种很有潜力，同时也是十分现实的新能源。如果从 1904 年世界上第一次地热发电成功算起，地热能的商业性开发利用已有将近一个世纪的历史了。到 1997 年底，全世界已有 46 个国家在开发利用地热，地热发电总量已经达到 44 太瓦·时／年，而地热直接利用也达到了 38 太瓦·时／年。若以 9% 及 6% 的增长速率测算，则到 2020 年全球地热发电及直接利用总量将分别达到 318 太瓦·时及 140 太瓦·时。地热热泵技术的采用为地热能的开发利用又打开了一个新窗口，因为该项技术可利用低至 7℃~12℃ 的地下水作为热源，而这种温度的地下水在地球上(两极除外)几乎到处可见。

　　地热能是清洁的、廉价的能源，在未来新能源中将起着十分重要的作用。

地热田的类型

什么是"地热田"呢?简单地说:在目前工艺条件可以开采的深度内,富集有经济价值的地热资源的地域,称为"地热田"。也就是说,"地热田"就是地热集中分布,并具有开采价值的地区。

目前,可以开发的地热田有两大类型:

热水田。这一地区富集的主要是热水,水温一般在60℃~120℃之间。这里地下热水的形成过程大致可分为两种情况。

深循环型。大汽降水落到地表以后,在重力作用下,沿着土壤、岩石的缝隙,向地下深处渗透,成为地下水。地下水在岩石裂隙内流动过程中,不断吸收周围岩石的热量,逐渐被加热成地下热水。渗流越深,水温越高,地下水被加热后体积要膨胀,在下部强大的压力作用下,它们又沿着另外的岩石缝隙向地表流动,成为浅埋藏的地下热水,如果露出地面,就成为温泉。

在地质构造发育地区，特别是两条不同方向的断裂交叉的地方，常常容易形成深循环地下热水田。

特殊热源型。地下深处的高温灼热的岩浆，沿着断裂上升，如果岩浆冲出地表，就形成火山爆发；如果压力不足，岩浆未冲出地表，而在上升通道中停留下来，就构成岩浆侵入体。这是一个特殊的高温热源，它可以把渗透到地下的冷水加热到较高的温度，而成为热水田中的一种特殊类型。

2.蒸汽田。蒸汽田内由水蒸汽和高温热水组成，它的形成条件是：热储水层的上覆盖层透水性很差，而且没有裂隙。这样，由于盖层的隔水、隔热作用，盖层下面的储水层在长期受热的条件下，就聚集成为具有一定压力、温度的大量蒸汽和热水的蒸汽田。

蒸汽田按物质喷出井口的状态，又可分为干蒸汽田和湿蒸汽田。干蒸汽田喷出的是纯蒸汽，而无热水，例如意大利罗马西北面约180千米处的拉德瑞罗地热田，就是干蒸汽田，储集层内蒸汽的最高温度为310℃；湿蒸汽田喷出的是蒸汽与热水的混合物。干、湿蒸汽田的地质条件通常是类似的。有时，同一地热田在一个时期内喷出干蒸汽，在另一个时期喷出湿蒸汽。

到目前为止，世界各国多开发热水田，然而蒸汽田的利用价值更高一些。

低温地热的综合利用

　　低温地热，是指100℃以下的地热水。人们利用地热是从利用低温地热水开始的。

　　中国是最早利用天然地热的国家之一。据史书记载，大约公元前500～前600年以前的东周时代，人们就知道利用地下热水洗浴治病和灌溉农田，还能从热泉中提取硫黄等有用元素。到了公元500年左右，南北朝的郦道元在《水经注》中明确写道："大融山石出温汤，疗治百病"。在欧洲，意大利至今还保存着古罗马利用地热的遗迹。世界上凡有温泉出露的地方，到处都有低温地热利用的历史。直到今日，整个世界地热利用的规模仍然是低温地热占优势。据20世纪90年代的统计，世界各国低温地热直接利用的能量，折算成发电能力大约为720万千瓦，合240亿千瓦·时的电，其中日本、匈牙利、冰岛、法国和中国的用量最大，直接利用的容量约为 34 万千瓦。

按低温地热的温度梯级和当地的需要不同，可以综合开发，一水多用。即从地热水出口的较高温度开始，逐级取热。例如，有的地方先把地热水用于采暖、干燥、制冷，然后用于温室、养殖，而后用于洗浴、疗养，最后作农田灌溉等用。

地热供暖。在有地热资源的地方，采用地热供暖是十分必要的，它比烧锅炉供暖要好得多，不仅节约煤炭等燃料，而且有利于改善环境，防止烟尘污染。中国的北京、天津已开展了大量的地热采暖试验，效果十分明显。冰岛天气严寒，主要靠地热采暖。大面积的地热供热，一般集中开采地热，通过换热，经调峰站集中供热。若不进行其他综合利用，则将换热后的地热水集中回灌地下，以免地热水中的有害物质污染地表。

地热制冷。基本原理与太阳能制冷差不多，只是将太阳能集热器获得的热水改为地热水。这种热源的改变，对制冷效率会有提高，因为地热水是比较稳定的。

地热温室。实际上是以地热为主要热源采暖。其采暖方法可分为热水采暖、热风采暖和地下采暖。热水采暖一般用 60℃～70℃ 的地热水，可以直接用管道输送到温室，然后通过均匀放置的散热片供暖，就像普通的水暖设备一样。热风采暖是将地热水送到空气加热器，将空气加热，并将这种被加热后的空气吹入温室采暖。地下采暖是在温室的种植地底均匀地预先埋好塑料导管，导管与地下热水管接通。需要采暖时，打开阀门，把地热水流经导管，借此以提高温室的地温，有利于植物生长。

此外，还可以利用低温地热水进行水产养殖、温泉水医疗等等。

温泉与治病

　　人类对温泉的利用，首先是从它的"温"字开始的。据医学家们研究，温泉之所以能治病，主要取决于温泉的温度、所含有价值的矿物质及温泉水的物理性能。

　　热，对人体具有舒筋活血、化淤消肿的功能。对于人体来说，不同温度的泉水，具有不同的刺激作用。一个健康的人，皮肤的温度一般在34℃左右，如果超过这个温度，则有热的感觉，低于这个温度则有冷的感觉。热能刺激毛细血管的扩张，降低神经的兴奋性；冷，能使毛细血管收缩，促进血液循环，引起神经的兴奋；而温和的泉水，对神经功能具有镇静作用，对动脉硬化、高血压、脑溢血后遗症、半身不遂等病人的功能恢复，都有较好的疗效。

　　在进行温泉浴时，泉水的温度是很重要的。不同的病情，要求不同的

温度，否则就达不到预期的效果。

　　此外，温泉中所含有价值的矿物质，是温泉治病的主要因素。经分析，来自地层深处的热水，在岩层中溶解有碳酸盐、硫酸盐、钠、钾、钙、镁、硫、铁等物质及微量元素氡、氦等，温泉水的化学成分不同，对疾病所起的医疗作用也很不一样。

　　氡气温泉，其水中所含的氡气是放射性镭在蜕变过程中产生的一种放射性气体。浴用或是饮用这种泉水，氡元素便会进入人体，其放射性能，可调节心脏血管系统和神经系统的功能，起到降低血压、催眠、镇静、镇痛的作用，对神经炎、关节痛、糖尿病、皮炎等也有一定的疗效。通过氡泉浴，还能调节内分泌功能，对于内分泌紊乱等疾病，均有医疗作用。

　　硫酸盐温泉，由于水中含有硫酸根离子和其他钙、镁、钠离子，具有消炎作用。饮用可治疗慢性肠炎、腹泻。

　　氯化钠温泉水中所含有的钠，对肌肉收缩、心脏的正常跳动，都是不可缺少的重要元素。饮用这种泉水，可帮助消化，增进饮食。对慢性肠胃炎、十二指肠溃疡疗效较好。古人称此类温泉具有"生体洗涤作用"。

　　碳酸泉水中富含有二氧化碳，饮时清凉舒适。经常饮用，可改善肠胃的消化功能，增进身体健康。

　　硫化氢泉水中的有效成分是游离的硫化氢气体，用这种泉水洗浴，能使血流加速，改善组织营养，浴后伤口肉芽、上皮生长都较快。

温泉与农业

　　温泉在农业上应用很早，中国唐代时就已经用温泉水浇灌瓜果了。王建的《华清宫》诗中就写有："分得园内温汤水，二月中旬已进瓜"的佳句。不过，温泉水大面积地用于农副业生产，造福于人民，仅仅是近半个世纪的事。尤其是近20多年来，利用温泉水培育农作物新品种的科学试验，已经取得了可喜成果。

　　用温泉水浸种、育秧、保苗，可使作物的成熟期缩短，提前收获。天津地区用30℃的温泉水浸种，只经过48小时，稻种即可发芽，比用冷水浸种可提前4～5天。若再用30℃以下的温泉水灌溉，只需20天左右，秧苗便可栽插。用凉水灌溉一般则需40天左右。所以用温泉水浸种和灌溉，缩短了作物的生长期，这在无霜期短的地区，是大有好处的。在南方，由于用温泉水育秧能避免春寒的袭击，可促进早稻增产。

据实验，地热温室的瓜果蔬菜产量，比用煤做燃料的温室生长出来的瓜果蔬菜产量要高出50%。多年来，不少地方利用地热温室大搞科学试验，培育优良品种，为农业增产做出了贡献。中国湖南省农业科学研究院，在宁乡县灰汤温泉建起了一所大温室，进行植物保护、栽培技术和良种繁殖等试验。湖北英山县也建立了地热利用科学试验站，设有农科组、微生物组、水产组、医疗组，已出新成果。农科组培育出了多种水稻、棉花、蔬菜等优良品种。在寒冷的冬季，地热温室里，水稻已经抽穗，棉花开始现蕾结铃，黄瓜、茄子挂满枝头，呈现出丰收景象。

冰岛地热温室之多，使这个位于北极圈附近的岛国处处春意盎然。冰岛首都雷克雅维克以东的维拉杰迪村，虽距北极圈不足100千米，却以盛产水果、蔬菜、花草而驰名全球，就连热带植物也在温室里茁壮生长。

利用地下热水保护不耐寒的水生植物和鱼类越冬，孵化雏鸡，早已试验成功。水浮莲是一种很好的饲料，在中国中部和南部各省广泛种植。但是，冬季由于气温偏低，使中部地区的一些省份种植的水浮莲不能安全越冬。所以，每到春季又得重新到南方引进新的水浮莲苗，影响饲料供应。为解决这一问题，湖北英山、应城等县，试验用温泉水保持水浮莲越冬，早已取得成功，既节省了经费，又保证饲料供应。

中国北京市场上经常出售的活鲫鱼原产于非洲，称为非洲鲫鱼。它能在北京地区生长，就是靠温泉水。小汤山养殖场的工人们利用30℃的温泉水进行养殖，鱼类不但可以安全越冬，同时由于生长迅速，在很大程度上丰富了北京市场。

ok

温泉与工业

　　不用电力和燃料加热的温泉水可用在很多工业生产流程中，既节约了物力和人力，又无污染，有利于环境的清洁卫生。目前世界上许多国家的工厂，已把温泉水直接用于锅炉供水、产品加热及纺织、印染、造纸、制革等工业生产的蒸馏、干燥、发酵、空调等工艺流程中。

　　中国天津市将40℃～50℃的温泉水用于20多台工业锅炉。就其中14台锅炉统计，每年可节约煤炭4700吨以上。北京一个印染厂，打出一口水温为48℃的热水井，把热水抽出直接用于染布和洗布，每年节约自来水30万吨，节约煤炭2500吨。北京一个棉织厂用40℃～42℃的地下热水调节空气，每年可节约人民币8万元之多。

　　实验证明，40℃以上的地下热水都可以用来发电。冰岛是世界上地热能利用最广泛的国家之一，早在1976年冰岛的地热能利用已占全国能源消耗的17.8％，20世纪80年代增加到了24％，以后逐年都有所增加。

中国温泉的类型很多，除有众多的40℃以上的温泉外，还有很多沸泉，为建设地热电站提供了极有利的条件。西藏是中国地热资源最为丰富，而煤炭资源又十分缺少的地区，在这里开发利用地热资源，具有重要意义。西藏羊八井热田位于海拔4200米以上的一个山间盆地中。在12平方千米的面积上，分布着200多处高温热泉，水温一般都高于当地沸点，钻孔热流体最高温度达170℃左右，可直接输入汽轮发电机中，是中国目前温度最高的地热田。1977年9月，这里建成一座装机容量为1000千瓦的地热电站。现在已安装5台汽轮发电机，总功率为1.3万千瓦。从羊八井到拉萨全长92千米的11万伏地热高压输电路早已建成，1983年向拉萨输送了2800多万千瓦·时电，在拉萨市的电网中发挥了重要作用。

另外，来自地下的热水，含有多种矿物质，可以提取的矿物有溴、氟、锂、氨、镁、硫黄、芒硝及盐类等。

此外，还可以提取有用的气体。氦是无色无味、仅次于氢的最轻气体之一，液化点很低，可用于空间技术和尖端工业。中国不少温泉含有氦气，有些温泉氦气含量较高，富有提取价值。氟是重要的工业原料，是发射火箭、导弹、人造卫星所不可缺少的。中国有些温泉氟的含量很高，是提取氟的宝贵资源。

温泉在人民生活方面运用也十分广泛。如用温泉取暖、日用热水供应、温泉游泳、地热制冷等。其中，利用温泉水取暖既干净，又经济实惠，是地热利用的重要方面之一。

地热开采

在勘探某一地区的地热资源后，对确定为有开发价值的地热田，开始进行必要的钻探。通过钻井，取出地热，就是地热开采了。

一般低温地热的开采比较简单。如100℃以下的地热水，多半是自流井，地热水经过井管自动流出来，通过一个主阀，即进入输水管道，送往使用地。还有一些低温的地热水，往往不能自流。或者开始几年能够自流，以后水位下降而不能自流，这就需要用井下泵将热水取出，这就涉及一些开采的配套设备以及井口装置的选择等技术问题。如果开采中、高温地热，如100℃以上，一般会出现地热蒸汽和地热水的混合物，于是开采较复杂，井口装置的要求也要高一些。

自流井井口装置：地热井成井以后，热水自喷的井称自流井。这种井不需要安装水泵，也无需设置泵座。这种井绝大多数是石油勘探或地质钻探打出的，不能采油用的旧井，井口热水岩不封死，即可自流，当地群众加以利用，时间长了就不能自流，于是需要进一步改造。

自流井井口只需装上与井内水管对接的地面水管，加上阀门即可。安装时可利用以下两种方法避免热水烫伤人。一是用大量的冷水将井口冷却（经过2～3天），使井内热水不能自流；二是采用抽水法（抽水泵能力要大于热水的自流量），使井内水位下降，而后施工。

非自流井井口装置：非自流井是由于地下热储的压力小，热水不能自流而出。因此，开采这种地下热水就必须采用水泵取水。它的井口装置将包括水泵、泵座、配管系统、监测系统、电源和泵房等。有了这些装置，才能将地下热水抽取出来输送到一定地方以便使用。

中、高温地热井的井口装置：温度在100℃以上的中、高温地热井口装置，比较复杂。因为井下喷出的不仅是热水，有时伴随着大量的高压蒸汽或甲烷等其他物质。它涉及到汽、水分离，两相流的管道和各种换热器的设计。井口要安装汽水分离器，蒸汽走蒸汽管道输送。热水通过集水罐和消音器之后放出，或通过扩容器送入第二级分离器，而获得低压蒸汽。

干热岩地热能的开采：是对于地下深部（往往在3000～4000米以下）无水或少水的干热岩石的热能开采，其技术条件比较复杂，有两大工序必须处理，一是要用冷水回灌地下，让地下高温岩石对冷水加热，再抽出热水使用；二是必须将地下热岩爆破，增加岩石表面积，才能为冷水加热。此外，必须另外打钻井，为抽取热水所用。

地热供暖新技术

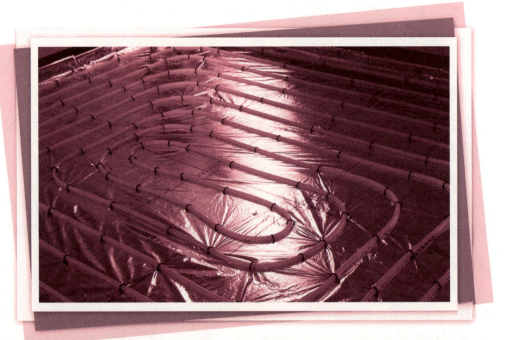

　　地热能除了用以发电，还可以直接为人们利用。这种不经发电转化的地热能利用，称之为地热能的直接利用。目前，世界上地热能的直接利用十分广泛，大体包括有：生活用热水、采暖、温室种植、烘干业、纺织业、造纸业及水产养殖业等。

　　地热能的直接利用，尤其是中低温地热能的开发利用，已引起世界各国的关注。因为中低温地热资源分布广泛，又易于开发。因此，许多发达国家围绕着如何开发利用中低温地热资源开展了多学科研究，并取得了一定的进展，其中热泵技术的应用，使低温地热水的利用成为可能。

　　所谓热泵，就是根据卡诺循环原理，即电冰箱工作原理，利用某种工质（如氟里昂、氯丁烷等），从低焓值的地热水中吸收热量，经过压缩转化成高焓值的能量并传导给人们能够利用的介质。这样，在热泵的两端，一端制热，另一端制冷，使其分别得以利用，能十分有效地提高地热资源的品位及其直接利用的负荷系数，为地热能的利用打开了新的路径。例如，瑞典隆德的热泵区域供热系统，把流量为每秒400千克的22℃地下水下降到7℃，从而获得2.5万千瓦的能量。

另外，直接利用地热供暖或其他方面，还会碰到两大难题：一是地热水对管道的腐蚀性太强，只能先用它把自来水焐热，再输入管道，这种方式不仅加大了成本，浪费大量地热资源，而且使用后的地热尾水温度过高，不能直接排入城市污水排放系统；二是地热水的温度比较稳定，难以根据气候调节室内温度。这两大难题使人们在利用地热资源的时候顾虑重重，或是干脆"望热兴叹"。

20世纪90年代末，中国天津市环保局地热站传出喜讯，经过几年的努力，他们较好地解决了这两大难题，这项科研成果已应用于地热供暖中，成为可行的地热供暖新技术。该站位于天津市王兰庄地热异常区，始建于1990年，初期采用间接供暖方式，浪费较大，排放尾水温度为48℃～52℃，超过国家规定的40℃标准。后来，他们与科研单位合作，研制出了地热水质稳定剂，并投资120万元改造了旧的工艺、设备，利用微机控制系统直接将地热水输入供暖管道。在后来的运行中表明，加入了水质稳定剂的地热水对管道的腐蚀率由原来的0.74％，降到0.044％，低于0.125％的国家规定标准；尾水温度降到35℃～39℃；供暖面积由7.5万平方米增加到12万平方米，并可节约地热水25％。微机系统还可自动控制井口出水量，以此来调节供暖温度。

地热发电

118

　　地热发电，是指利用地下热水和蒸汽建立地热发电站，这是一种新型的发电技术。地热发电的基本原理与普通火力发电相似，都是根据能量转换原理来进行的，首先把地热能转换为机械能，然后又把机械能变为电能。

　　自从1904年意大利在拉德瑞罗地热田建立世界第一座551.6瓦的地热发电试验装置以来，到1979年世界地热发电装机容量已达206万千瓦，1982年为271万千瓦，每年以10％的速度增长。1985年总装机容量达520万千瓦，增长幅度更大。2000年全世界的地热发电装机容量达1764万千瓦，这已经是一个相当惊人的数字了。这就意味着地热发电已能同常规能源发电相竞争。特别是在一些能源缺乏的地区，利用地热发电更有意义，例如中国的西藏地区，羊八井地热电站投入运转以来，明显地改变了拉萨供电的比例，发挥出新能源的优势。

目前，许多国家都把地热能作为一种新能源来加以利用，特别是在 20 世纪 70 年代初期，兴起了世界性地热发电的热潮。大家对地热发电的青睐有两个方面的原因：一方面是由于电能更易于输送，且服务具有多样性；另一方面，对于充分开发利用比较偏远地区的地热资源，将地热能转变为电能十分重要。因为：地热田一般都出露在偏远地区，电力可在热田就地生产，能运转的时间长，即负荷因素高，不受降雨多少、季节变化、昼夜因素的影响，能提供既便宜，又可靠的基本负荷，使一个地区获得稳定的电力供应。在这一点上，地热发电比水力发电还要优越。

地热发电的种类较多，由于地热的温度、水和气的成分，以及压力的大小不同，发电方式也不同。如果获得的是地下干蒸汽，并且具有较大的压力，则可直接采用汽轮机带动发电机发电。如果水、气都有，或温度又不特别高，则常采用扩容法或中间介质法发电。

目前，大量应用的地热发电系统主要有两大类：地热蒸汽发电系统和双循环系统。另外，正在研究的地热发电系统还有全流发电系统和干热岩发电系统。

干热岩石地热发电

　　美、英、法、德、日等国的研究成果表明，地下高温岩石是未来一大能源，用它来发电比较经济，不但发电规模大，对环境影响也小。

　　所谓地下高温岩石，即干热岩石。在地壳硅铝层的花岗岩埋藏较浅地区，是300℃以上的高温岩体，其本身没有蒸汽或热水。用高温岩体发电，就是利用地下岩的热量，将注入岩体的水变成蒸汽，以驱动汽轮机发电。科学家们预测，此项开发，能够发掘相当于几万亿吨煤的能量。

　　据测定，地球1千米以下的花岗岩内，蕴藏着巨大能量。美国新墨西哥州的顿希尔实验室对此做过试验，他们先在地下高温岩石上制造两个龟裂面，然后分别钻两个深孔（共3600多米），在一个孔中灌入水，水流入岩体龟裂缝，被高温加热成热水或蒸汽，再从另一个孔转出，便可用于发电。试验在一个面积为40平方米，厚度为150米的龟裂层中进行，把水注入进去，估计一年可产生相当于 10 兆千瓦功率的热水或蒸汽。

岩石产生高温的主要原因在于：年轻的花岗岩，常含有钍、钠、钾等天然放射性蜕变而产生巨大的热量。据估算，每立方千米岩石放射性蜕变约放出 9371 万千焦的热量。如按通常的地热梯度，每加深 1000 米约增加温度 30℃，目前钻探能达到的深度约 5500 米，则可获得发电用所需温度 180℃。而地球内部，有许多地域的地热梯度大于正常的地热梯度。如美国 20％ 的地区每深 1000 米，岩石增温超过 45℃，西部地区则高达 65℃。而这些热量大多阻滞在地下水不能渗透的地球深处的岩石中，因此，地下岩石所贮藏的热能是很可观的。

世界上最早拉开高温岩石发电研究帷幕的是美国。1970 年美国洛斯·阿拉莫斯国家实验室的莫顿·史密斯，首先提出利用地下高温岩石发电的设想。美国从 1972 年开始进行这项具有战略意义的发电新技术研究，他们利用 "水压击碎法" 成功制造了高温岩石发电新技术的 "人工锅炉"，并建成了一座 60 千瓦的高温岩石发电站。当电站发电时，先用高压将冷水注入水井，并使其进入到岩石裂缝中，这时，地下 "锅炉" 将水加热，再用水泵从抽水井中抽出温度为 240℃ 的热水送到发电厂，用以加热丁烷变成蒸汽推动汽轮机发电。日本除同美国合作进行这项新技术的研究外，还将地下高温岩石发电列入日本能源开发的 "日光计划" 中。英国能源部经过研究，认为岩石层越深，发电成本就越低，因此将钻孔井深度定为 6000 米。

第七章　核能工程

有些科学家把核能发展的三个阶段称为第一代、第二代和第三代。

第一代，热中子反应堆。它的核燃料是含 3% 左右的铀 -235 的低浓缩铀，用速度比较慢的中子来轰击铀 -235，使它发生裂变。这种热中子只能使铀 -235 发生裂变，而铀 -235 在天然铀当中只占 0.7% 左右，而 98% 以上都是铀 -238。因此，这 98% 的铀 -238 不能利用，只好当成废料抛弃，造成铀资源的极大浪费，这样，几十年后，铀矿就会发生枯竭。所以，改变热中子反应堆迫在眉睫。

第二代，快中子增殖堆。它的燃料是钚 -239，反应堆中没有慢化剂，靠钚 -239 裂变产生的快中子来维持链式裂变反应。其特点是：钚 -239 发生裂变反应放出来的快中子，被装在反应区周围的铀 -238 吸收，又变成钚 -239。就这样，钚 -239 一边燃烧，一边使铀 -238 转变成新的钚 -239，而且新产生的钚 -239 比烧掉的还多，所以称它为快中子增殖堆。这种反应堆，能够提高铀资源使用率 50～60 倍。因此第二代核反应堆将成为人们的希望。

第三代，受控聚变堆。它使用的原料是重氢，即氘，这是一种很丰富的原料，仅海水中的氘就足够人类使用 100 亿年。但是，这种聚变反应需要上亿度高温条件，目前没有任何一种容器可以在这么高的温度下不熔化。为解决这一大难题，世界各国的科学家都在努力攻关，可望在半个世纪内投入生产。

核能利用，是人类开发利用能源历史上一次巨大的飞跃。能源专家评价说，在未来多元化的能源结构中，核能代替常规能源将势在必行，核能的地位将会逐渐提高，成为未来能源发展的一个重要方向。

核电站发展为什么这样迅速？是因为它有许多优点。例如，它是有效的替代能源、燃料的运输量很小、发电成本低、安全和对环境污染小等。正是因为核电站有这么多的优点，所以，不管是工业发达国家，还是发展中国家，都在积极地发展核电站。预计到 21 世纪中期，核电将成为人类的主要能源之一。

海水提铀新技术

124

　　裂变原子能的主要核燃料是铀和钍，它们在地壳中的储量虽然不少，但分布非常分散，有工业开采价值的铀、钍矿床实在不多。陆地上的铀矿储量不过几百万吨，在当前各国竞相开发核电的情况下，估计用不了多少年，铀的供应就满足不了要求。

　　于是有人想到了蓝色的大海。海洋科学家认为，世界海洋中的铀至少有40亿吨，为陆地铀矿储量的1000多倍。然而海水中的铀浓度很低，每千吨海水中只有3克铀。

　　为了从海水中提取铀，人们已经研究了好多种办法，包括吸附法、沉淀法、浮选法、生物利用法等。海水里的铀如果能够全部提取出来，所含的裂变能量就相当于1亿亿吨标准煤，按现在的能耗水平来计算，可供全世界使用百万年。

　　传统的海水提铀法已不能满足日益增长的工业需求。美国一些科学家一直在试验一种新方法,用一种由氧化钛制成的纤维物质将铀从海水中分离出来。但1克氧化钛只能采集0.2毫克铀。这样提取的铀,数量太少,耗资太大。从海水中分离1千克铀,要花费5000多美元。所以这种方法没有实际使用价值。

　　日本科学家研究的方法是:把一种经过特别处理的新纤维物质放入海水中,这种新纤维是用丙烯酸纤维、铵和其他化学物质制造的。试验中,将1克新纤维放入海水中,10天后,就能采集到4毫克铀,相当于用氧化钛纤维采集的20倍。日本科学家在一个试验中心对这种纤维物质进行了试验。该试验中心设在四国岛的港口城市仁尾,已投入使用。该试验每从海水中提取1千克铀,花费600美元。

　　瑞典皇家工学院的科学家设想利用海浪冲力从海水中取铀。在海面的浮船上安装一个大水箱,内有电解和吸收装置。海浪冲入箱内产生的压力,推动滚筒将海水源源不断地抽上来。含有铀离子的海水经过电解作用,再流经吸收隔膜而被浓缩,由此可以提取铀产品。

　　1987年,美国地理学会的微生物学家德里克·洛夫莱,发现了一种可生存于水中的吃铀微生物,叫做GS-15。这种微生物不仅可以净化被铀污染的水源,还能将有毒废料中的铀提取出来,使溶于水中的铀转换成另一种不溶于水的形式。科学家们根据吃铀微生物的特性,设计了一种充有GS-15细菌的生物反应器。只要将含有铀的海水流过这种生物反应器,吃铀微生物就会"大显神通",使海水中的铀析出并沉淀在反应器的底部,然后回收分解并使用。

钚-239 的生产

钚-239 是第二代快中子增殖堆的核燃料。

第二代反应堆是法国人设计的一种被称为第二代的快中子增殖堆,他们给它起了一个漂亮的名字叫"凤凰"反应堆,钚做核燃料,不用减速剂,仅有液态钠做冷却剂(即载热剂)。这种类型的增殖堆已达到商业化阶段。法国已建一座超"凤凰"型增殖堆,用于发电,电功率是130万千瓦。法国在第二代的快中子增殖堆商业化方面,比其他国家领先10年。快中子增殖反应堆能生产比它自身消耗还要多的燃料。

自然界存在的铀元素称为天然铀。天然铀中只含有0.71%的铀-235,而98%以上都是铀-238。铀-238被一中子轰击,就发生系列的变化。

钚-239(239Pu)裂变速度快,临界质量小,有些核性能比铀-235(235U)好,是核能重要的核装料。但是它的毒性大,生产成本高,要建造复杂的生产堆和后处理厂，才能实现工业化生产。它是通过反应堆中产生的慢中子轰击铀－238人工生产的。

中子来源于用天然铀做成的元件中的铀－235。铀－235裂变中子数额为2～3个，这些中子经慢化后会再次引起铀－235裂变。维持这种裂变反应只需一个次级中子就够了，其余的除被慢化剂等吸收掉的外，即可使天然铀的铀－238转化为钚－239了。所以，生产堆中的核燃料元件，既是燃料，又是生产钚－239的原料。钚－239是从乏燃料元件中分离出来的。实际上，生产堆的作用，就是烧掉一部分天然铀中的铀－235来换取钚－239，平均烧掉一个铀－235原子，得到0.8个钚－239原子。

天然铀制成的核燃料元件，在生产堆进行燃烧和辐照后生成钚－239，但要把它分离出来需送到专用的后处理厂来分离加工。不仅要把没有"烧"尽的铀分离出来再利用，还要把钚同其他裂变产物分离开。

后处理方法分为湿法和干法两种。干法尚处于研究开发阶段，目前主要应用湿法。湿法又分为沉淀法、溶剂萃取法、离子交换法三种。其中沉淀法已属陈旧，目前主要应用溶剂萃取法，也称普雷克斯流程。基本原理是利用铀、钚以及裂变产物的不同价态在有机溶剂中有不同的分离系数，将它们——分开。

钚－239分离出来后，还需要纯化，去除微量杂质，才能作为核能的装料。

生产堆的核燃料经后处理，铀与钚进行分离后，铀－235还有一定的含量，经纯化工序后，再经转换，为扩散厂提供原料。

天然铀的浓缩

128

　　天然铀中主要包含两种铀同位素,即铀-238和铀-235,其中铀-235只占天然铀的0.71%,其他基本上为铀-238。用做核武器装料的浓缩铀中,铀-235的含量必须占到90%以上。为此,必须对铀同位素进行分离,使铀-235富集。分离后余下的尾料,即含铀-235约0.3%的贫化铀可作为贫铀弹的材料等。

　　铀同位素分离的方法很多,其中有工业应用价值的主要有两种,即气体扩散法和离心法。气体扩散法一般耗电量大,生产成本高,有被离心法取代的趋势。此外还有激光法、喷嘴法、电磁分离法、化学分离法等。

　　气态扩散浓缩法。铀的化合物,气态的六氟化铀,经压缩机压缩后,穿过分离膜。由于铀-235比铀-238轻,所以穿过去的速度比铀-238快一些。每个浓缩过程有三种主要的设备:把六氟化铀从低压处压向高压处的压缩机；排除气体被压缩时产生的热量的热交换器；还有一个扩散机。

要经过几千个这种基本的浓缩过程，才能生产出含量高的浓缩铀。还可以用不同的方法把几个基本过程连结为一体。

超速离心浓缩法。此法也是利用铀－235和铀－238两种同位素的质量不同，惯性也不同的原理，在一个圆柱形筒式离心机中，铀－235和铀－238以很高的速度进行圆周运动。较重的铀－238的惯性比较大，在惯性力的作用下，大部分趋向器壁上，而较轻的铀－235大部分却留在圆筒的中央部分。

如果我们将气态扩散浓缩法，与超速离心浓缩法进行对比，就不难看出：气体扩散法的压缩机和其他辅助设备等消耗能量多，运行费占成本的一半。超速离心法耗能费用只占成本的1％。可是离心机转速高，技术工艺要求复杂，生产出的成品率低，所以全部算起来费用高。

电磁分离法。从原理上说，有多种方式可以利用电磁场对带电粒子的作用实现同位素分离。但至今还只有基于磁场对离子作质量分离和方向聚焦的静磁法获得了实际应用，并于20世纪40年代初，就被用于铀同位素的工业规模生产。

激光分离法。根据原子或分子在吸收光谱上的同位素位移，用特定波长的激光激发某种同位素原子或含有该原子的分子，再通过物理或化学方式使处于激发状态的该同位素原子或分子与仍处于基态的另一种同位素分开，从而达到富集同位素的目的。激光法是激光技术和核技术结合而产生的一种分离同位素的新方法，被认为是继扩散法、离心法之后最有希望发展成为一种新的工业生产浓缩铀的方法。

裂变反应

　　重原子核裂变成两个中等质量的原子核，这就是核的裂变。例如，铀－235在中子轰击下，裂变成锶和氙，并释放出大量的热能。

　　要想使核反应堆中的核燃料铀－235发生裂变反应，必须用中子去轰击铀核，铀－235核吞食一个中子，分裂成两个中等质量的新原子，如锶和氙，放出两个中子，同时释放出一定量的核能。因为这种中等质量的原子量之和是低于铀－235的，即出现质量亏损，它转变成原子能释放出来。从微观角度看，单个铀原子裂变放出的核能并不引人注目。从宏观角度看，释放出的核能相当惊人。1克铀裂变时，放出的能量相当于燃烧2.5吨煤所得到的热能。

　　怎样才能让原子核产生裂变呢？必须有一种外界条件，如同我们用煤和木柴烧火取暖一样，想取暖，必须用火把它们点燃，煤和木柴在燃烧的过程中才能把化学能变成热能供我们使用。使原子核裂变放出原子能的手段，是利用中子去轰击原子核引起的。

在自然界存在的铀元素，称为天然铀。天然铀中仅含有0.71%的铀-235，绝大部分是铀-238。铀-238被一中子击中，发生一系列的变化：

在一般反应堆中，生产的钚很少。相反，在快中子增殖堆中，如法国的"凤凰"堆，可以大量生产钚。这种类型的反应堆生产的新的核燃料比它本身消耗的还多，所以得名增殖堆或再生堆。

裂变反应式还表明在裂变过程中，核在裂变时同时放出中子，这些中子又可被未裂变的铀核"吞食"而引起第二代裂变。如果裂变的核一代一代继续下去，就是我们所说的链式核反应。若裂变链式反应一代比一代增多，并且不给予控制的话，就会越来越激烈，释放出巨大的能量，造成爆炸，这就是原子弹爆炸了。

构成原子核的粒子，叫核子，是由内聚力维持在一起的，这说明核子之间有一种结合能。不过我们可以用电子伏特来量度每个原子的结合能。

1938年12月，人类完成了科学史上的一项重大发现，德国科学家哈恩等人，经过6年的实验，用中子做"炮弹"去轰击铀原子核，铀原子核一分为二，被分裂成两个质量差不多大小的"碎片"——两个新的原子核，产生了两种新元素，同时释放出惊人的巨大的能量。这种原子核反应又叫裂变反应，放出的能量就叫裂变能，人们通常所说的原子能或核能，指的就是这种裂变能。

聚变反应

132

　　与裂变反应相比，聚变反应正好相反，它是由两个很轻很结实的原子核聚合到一起，变成一个比较重的原子核的核反应。如果裂变反应放出的原子能叫裂变能，那么聚变反应放出的原子能就该叫做聚变能了。

　　聚变反应用下式表示：

$${}_1^2H + {}_1^3H \rightarrow {}_2^4He + {}_0^1n + 能量$$

　　${}_1^2H$——氘（读刀音），原子核中有一个质子和一个中子，原子量是 α，是氢的一种同位素。氘又名重氢。

　　${}_1^3H$——氚（读川音），也是氢的一种同位素，又名超重氢，核中含有一个质子与两个中子。

　　${}_2^4He$——氦，核中有两个质子和两个中子。

　　自然界里最轻的元素是氢，它有两个同位素，一个叫氘，另一个叫氚。除了氢以外，其他一些轻元素，如氦、锂、硼等，也可用作聚变反应的核燃料。

聚变反应释放出来的能量有多大呢？1千克氘和氚，通过聚变反应释放出来的能量，同燃烧1万吨优质煤释放出来的能量相等。应该说，聚变反应比裂变反应的威力还大。

聚变反应的核燃料很多。氢氧结合成水，9升水里就有1千克氢；氘和氧结合成重水，重水就混在普通水中。1升水里含氘0.02克多，一桶水里含有的氘的聚变能，就相当于300桶汽油所含有的能量。仅海水里就有30万亿吨氘，顶得上3万亿亿吨煤。其他聚变反应的核燃料，如锂，在受中子轰击时可以产生氚，聚变反应也可以在氘核与氚核之间进行，海水里的锂就有2600亿吨。

氢"三兄弟"（氢、氘、氚）中，氢最多，但是最难发生聚变。相对来说，最容易发生聚变反应的是氚，可惜氚又太少。氘比氢容易实现聚变，而且数量又比氚多得多，它可以成为聚变反应核燃料中的"主角"。

怎样使氢原子之间发生聚变反应呢？办法之一是加温，把温度提高到几千万度甚至上亿度，使氢原子核以每秒几百千米的极高速度运动，这才有可能叫它们碰到一起，发生聚变反应，所以聚变反应又称热核反应。

理论计算告诉我们，氢核的聚变需要10亿度以上的高温，氘的聚变点火温度达4亿度以上，氘和氚的热核反应也要在5000万度的高温下才能进行。

人类已经实现了人工热核反应，那就是氢弹爆炸。氢弹爆炸的热核反应是靠装在氢弹内部的一颗小型原子弹的爆炸创造的超高温和高压环境实现的。

ok

从氢弹爆炸说起

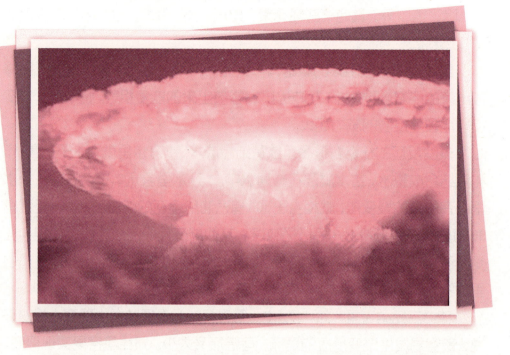

　　1967年6月17日，中国成功地爆炸了第一颗氢弹，这颗氢弹里装的"核炸药"就是氢化锂和氘化锂。1千克氘化锂的爆炸能力相当于5万吨烈性炸药TNT。

　　氢弹是怎样爆炸的呢？它是靠什么来获得极高的温度呢？氢弹所用的热核材料，通常是氘（D）、氚（T）和锂－6（6Li）。氢弹是靠原子弹来引爆的。一颗小小的原子弹，相当于普通炸弹里的雷管。原子弹首先爆炸产生极高的温度和压力，使氘化锂等化合物中的锂吸收中子而变成氚，并使氘和氚等发生聚变反应，而在极短的时间内放出极大的能量，这就构成了常说的氢弹爆炸。

　　氢弹爆炸的过程不受人们控制，一旦发生爆炸，巨大的热核能量在瞬间就释放干净，无法按照我们的需要来有效地加以利用。那么，能不能像驾驭裂变反应那样，建造一种热核反应堆，来驾驭聚变反应这匹烈马呢？回答是肯定的。关键是要研制出一种和缓的，而不是激烈的反应装置，使热核反应能在一种稳定的受人控制的速度下进行。

人类已经实现了人工热核反应，这就是氢弹爆炸；人类将进一步实现受控热核反应。我们知道，在几千万度甚至几亿度的高温下，原子会发生电离，变成电子和原子核，也就是形成等离子体。为了使参与聚变反应的原子核能充分地发生反应，也为了使聚变反应所释放的能量能大于加热它们所消耗的能量，就必须把这些等离子体约束在一定的空间内以获得相当高的密度，同时要维持足够长的时间，这可不是一件容易的事。

用什么材料制成容器才能承受这样的高温呢？有人想到用强大的磁场来担负约束这些带电粒子的任务。例如，如果把1亿度高温的具有一定密度的等离子体约束一秒钟左右，那么热核反应就能在"着火"以后自动地持续进行。

从1952年人类开始制造氢弹的同时，世界上一些国家就着手秘密研究受控热核反应了。目前，世界各国已有热核反应试验装置几百台，结构类型几十种，并且正在向大型化的方向发展。中国也已经有了自己的受控热核反应试验装置。

1960年，举世瞩目的激光诞生了，它也给聚变反应研究带来了光明。激光经过聚焦，可以在极短的时间内把一定量的物质加热到几千万度的高温。

前不久，又提出"激光向心聚变"，即把热核燃料做成极小的微型小球，用多路激光对它们进行球形对称照射，使微型小球在短暂的瞬间即被压缩到极高的密度，同时获得上亿度的高温，就能进行热核反应了。

核反应堆的结构

　　世界上第一个核反应堆建于1942年，是石墨型的。

　　反应堆的种类很多，如压水堆、沸水堆、重水堆、快中子堆等，但不管什么类型，它们都具有几个相同的组成部分。

　　防护层：是个高大的预应力钢筋混凝土构筑物，壁厚约1米，内表面加有6毫米厚的钢衬，有良好的密封性能，能防止放射物泄漏出来。

　　减速剂和控制棒：减速剂可使中子减速，提高中子击中原子核的效率。减速的方法是使中子与原子核发生碰撞。减速剂有普通水、重水、石墨等。在选择减速剂时，要考虑它质量轻，对中子的吸收性弱，密度大的液体或固体。如在一个用浓缩铀做燃料的反应堆里，尽管水内氢的原子核对中子吸收较强，但氢核很轻，减速能力强，所以高压的或沸腾的普通水，却不失为一种良好的减速剂。

控制棒（包括安全棒），用于控制反应堆的反应性的可动部件。反应堆内链式裂变反应的强弱，可用控制棒予以控制。另外，控制棒还可以用于控制反应堆的功率分布，避免形成较大的功率峰，确保燃料元件温度不超过设计极限值。

堆芯：是放核燃料的地方。相当于普通锅炉的炉膛。核燃料裂变放出的热，可以加热普通水，生产蒸汽，驱动汽轮发电机发电，这就是原子能电站。堆芯是反应堆的核心。热堆堆芯由燃料、慢化剂、控制元件以及结构材料等组成，并有冷却剂从中流过将热能导出。

载热剂：也叫冷却剂，是把反应堆裂变时释放出的已变成热能的原子能输送出来的载热材料。在天然铀做燃料的反应堆中，可用加压二氧化碳气做载热剂。这种气体在堆内和堆芯周围迅速地流动，可以令人满意的将热量输送出来。在以浓缩铀做燃料的普通水反应堆中，用高压水或沸水做载热剂。在这种类型的反应堆中，减速剂兼载热剂。在增殖堆中，一般用液态钠充任载热剂，也可以用其他有机液体，如碳氢化合物等。

交换器：载热剂携带着热能流出反应堆，进入热交换器。在热交换器中，不与另一回路的水直接接接触就把水变成蒸汽。有一种例外的情况，当载热剂是沸腾的水时，蒸汽是在堆内产生的，并直接引入汽轮机。

综上所述，反应堆的主要结构是：防护层、外壳、控制棒、堆芯、水循环回路、蒸汽循环回路、核燃料和减速剂等。

核电站

　　原子核反应堆的用处很多。从能源角度来说，原子核反应堆可以为潜艇、大型舰船和破冰船等提供动力，也可以用来发电和供热。用来发电的叫核电站；用来供热的叫核供热站；又发电、又供热的叫核热电站。

　　用原子能做动力的电站，称为核电站。原子发电与一般火力发电的不同之处不仅是燃料，而且还在于它以反应堆代替锅炉，以原子核裂变释放的能量来加热蒸汽，推动汽轮发电机发电。

　　核电站是将原子核裂变释放出的核能转变为电能的，所以它的主要设备是：核动力反应堆、蒸汽发生器、稳压器、水泵、汽轮机和发电机等动力设备、安全壳和防护等设备组成。

　　世界上核电站堆型很多，但达到商用规模的却只有5种，即压水堆、沸水堆、重水堆、石墨气冷堆和石墨水冷堆。但是，后两种堆型由于安全和经济方面的原因不再建造了。

世界上第一座核反应堆实验装置于1942年12月2日出现在美国。第一个并网运行的核电站是苏联奥布宁斯科核电站，1954年开始运行，用浓缩铀做燃料，减速剂是石墨，载热剂是加压水，发电量5000千瓦，可供6000居民的小镇用电。其次的核电站是英国的卡德豪尔核电站，于1956年并网运行，电功率是50兆瓦，天然铀做核燃料，石墨和二氧化碳分别为减速剂和冷却剂，二氧化碳的温度是400℃。美国1957年并网运行了一座加压水堆核电站。1959年4月法国的第一座石墨——气冷堆核电站并网运行。

全球核电站的发展速度很快，自1954年6月苏联建成第一座核电站以来，到1965年只在少数国家得到应用，而到1973年则达到高峰，核电投资增长率为37%。到1993年，全世界已有32个国家或地区运行着核电站机组约有430座，总装机容量34 460万千瓦，约占全世界发电量的1/5。目前，法国、比利时、西班牙等国家，核电比例已超过总发电量的一半以上。

中国提出利用原子能发电的设想比较晚，因此建立核电站也比较晚。1991年12月15日，位于浙江嘉兴市东南40千米的秦山核电站建成，并并网发电。这是一座压水反应堆式的核电站，装机容量为30万千瓦，每年可提供电能15～20亿千瓦·时，为缓解华东地区的电力紧张起到了很大的作用。

中国另一个投入使用的商用核电站是广东大亚湾核电站，有两座发电90万千瓦的机组，投资总额达42亿美元。据1999年初统计，这是中国最大的能源合资项目和最大的高科技合资项目。

核反应堆和核电站的类型

核反应堆是以铀（钍或铀钍混合物）做燃料实现可控核裂变链式反应的装置，也是核电站的核心装置。目前，达到商用规模的核电站反应堆型有压水堆、重水堆、石墨气冷堆、沸水堆和快堆等。主要类型有：

压水堆：采用低浓（铀-235浓度约为3%）的二氧化铀做燃料，高压水做慢化剂和冷却剂，是目前世界上最为成熟的堆型。

沸水堆：采用低浓（铀-235浓度约为3%）的二氧化铀做燃料，沸腾水做慢化剂和冷却剂。

重水堆：重水做慢化剂，重水（或沸腾轻水）做冷却剂，可用天然铀做燃料。目前达到商用水平的只有加拿大开发的坎杜堆，中国将建一座重水堆核电站。

快中子堆：采用钚或高浓铀做燃料，一般用液态金属钠做冷却剂，不用慢化剂。根据冷却剂的不同分为钠冷快堆和气冷快堆。

核电站是一种利用原子核内蕴藏的能量，大规模生产电力的新型发电站。

压水堆核电站：以压水堆为热源的核电站。它主要由核岛和常规岛组成。核岛中的系统主要有压水堆本体、一回路系统，以及为支持一回路系统正常运行和保证反应堆安全而设置的辅助系统。常规岛主要包括汽轮机组及二回路等系统，其形式与常规火电站类似。

重水堆核电站：以重水堆为热源的核电站。重水堆是以重水做慢化剂的反应堆，可以直接利用天然铀做为燃料。重水堆可用轻水或重水做冷却剂，重水堆分压力容器式和压力管式。重水堆核电站是发展较早的核电站，有各种类别，但已实现工业规模推广的只有加拿大发展起来的坎杜型压力管式重水堆核电站。

沸水堆核电站：以沸水堆为热源的核电站。沸水堆是以沸腾轻水为慢化剂和冷却剂并在反应堆压力容器内直接产生饱和蒸汽的动力堆。沸水堆与压水堆同属轻水堆，都具有结构紧凑、安全可靠、建造费用低和负荷跟随能力强等优点。

快堆核电站：由快中子引起链式裂变反应所释放出来的热能转换为电能的核电站。快堆在运行中既消耗裂变材料，又生产新裂变材料，而且所产多于所耗，能实现核裂变材料增殖。

在快堆中，铀－238原则上都能转换成钚－239而得以使用。快堆可将铀资源的利用率提高到60%～70%。

核电发展的三部曲

　　从1954年第一座核电站问世以来到现在，世界上广泛使用的核电站，都是第一代热中子堆核电站。它只能利用铀资源的1%～2%，只不过是裂变能利用的初级阶段。第二代是快中子增殖堆。它正处在工业验证阶段。由于它能增殖核燃料，也就是它在运行中还能产生出核燃料，所以它可以把铀资源的利用率提高50～60倍。因此，推广快堆核电站，才是跨入了裂变能利用的高级阶段。第三代是聚变堆，目前正处在研究试验当中。

　　下面分别谈谈第一代、第二代、第三代核电站的燃料、功率和其他一些特点。

　　第一代，叫热中子反应堆。这种核反应堆里装的核燃料是含3%左右铀-235的低浓缩铀。用速度比较慢的中子来轰击铀-235，使它发生裂变，这种中子叫做热中子。可是，铀-235裂变放出来的中子的速度都较快，是快中子，因此，在反应堆里就要用慢化剂把它的速度变慢，成为可以使铀-235发生裂变的"炮弹"。人们把这种利用热中子来轰击铀-235，使它发生链式裂变反应的核反应堆，叫做热中子反应堆。

第二代，快中子增殖堆。由于热中子只能使铀-235发生裂变反应，而铀-235在天然铀当中只占0.7%左右，这样在天然铀中占98%以上的铀-238就不能利用，只好当做废料存放起来，这是很大的浪费。为了解决这个问题，近几十年来，又出现了一种新型的核反应堆。这种新型的核反应堆用的核燃料是钚-239，反应堆里不用装慢化剂，它是靠钚-239裂变产生的快中子来维持链式裂变反应。这种新型的核反应堆有这样的特点，就是钚-239发生裂变反应放出来的快中子，会被装在反应区周围的铀-238吸收，又变成钚-239，就是说，它一边"烧"掉钚-239，又一边使铀-238转变成新的钚-239，而且新产生的钚-239比烧掉的还多，所以人们把它称为快中子增殖堆。据统计：有了快中子增殖堆以后，铀资源的利用率可以提高50~60倍。

第三代，受控聚变堆。人工控制的聚变反应将为人类提供无穷无尽的能源，因为它的原料（重氢即氘）很丰富，光海洋里储藏的氘就足够人类用上100亿年。美国普林斯顿大学的受控聚变环流装置，1986~1987年已经启动。

原子核的聚变能比裂变能要大10倍以上，同时，核聚变的主要燃料氘又很丰富，所以受控聚变堆是今后核能的发展方向。但是，这种聚变的反应需要在上亿度的高温条件下进行。这么高的温度任何容器都要熔化。目前，许多国家的科学工作者都在研究实现控制核聚变的方法，而且已取得了一些成功。

解决能源的最终途径

科学家认为，人类最终解决能源的途径是充分利用核聚变能。

核聚变的燃料主要是氢、氘、氚。氘和氚都是氢的同位素，它们的原子结构与氢相同，都是一个电子围绕着一个原子核，只是原子核的组成不同。氢的原子核里只有一个质子，氘的原子核里多了一个中子，而氚的原子核里有两个中子，所以氘又称重氢，氚又称超重氢。氢与氧化合形成水，氘与氧化合形成重水，而氚与氧化合则形成超重水。自然界里的水几乎是用之不竭的，因此氢的数量也是难以计算的。氘的含量虽然不多，但在浩瀚的大海里，氘的总量也超过了 23×10^4 亿吨，足够人类使用几十亿年之久。

氢弹爆炸，就是在超高压和高温情况下，氘和氚的聚变反应。不过氢弹能很难直接利用，因为它的能量是在瞬间放出来的。只有受控的热核反应才便于我们利用,受控的热核反应的研究,目的就在于想方设法让聚变能慢慢地释放出来。要实现这一目的有两个难题要解决:第一,激发热核反应的高温(高达数百万、数千万度,甚至上亿度);第二,控制反应速度,这是相当困难的。

要想实现受控的热核反应,必须把高达上亿度的、最低密度为每立方厘米 10^{21} 个的等离子体束缚在长达 1 秒的时间内。为了解决这一大难题,世界各国都投入了许多人力和物力,进行攻关研究。

据研究,控制核聚变的方法可分为磁约束核聚变和惯性约束核聚变。磁约束核聚变的研究开始于 20 世纪 40 年代,到 20 世纪 60 年代已有较大的进展。惯性约束核聚变研究起步于 20 世纪 60 年代。国际上比较乐观的估计是,聚变堆在 2040 年左右可能实现商业化。

目前许多国家都在积极研究控制核聚变的方法,希望控制热核反应,以便用来发电,或者作为其他能源。从 1950 年开始,各国先后研究出几种磁束缚手段,如"托卡马克"装置、"磁镜"、"磁箍缩"、"仿星器"等。另一种方法叫惯性束缚法,如"激光"、"电子束"、"离子束"等多种束缚途径,建成了 400 多个装置。其中"托卡马克"装置是公认的好方法,有人认为利用它可能不久即可实现受控聚变的设想。又有学者认为,激光受控核聚变及电子束、粒子束受控热核反应可能比磁束缚先实现。

美国在 1978 年宣布用激光控制法取得了重大成功,引起世界的注意。中国的磁约束核聚变研究起步于 20 世纪 50 年代,在成都、合肥建立了研究所,开工建设的"中国环流器"一号、二号 A,已取得重大进展。

第八章　氢和锂的应用

氢的同位素是重氢，即氘和氚。它们都是第三代核能(聚变核能)的燃料。重氢核聚变产生的能量比铀原子核裂变释放出的能量大若干倍。自然界中大约 1 加仑(合 4 桶多)的水中，就含有 0.5 克氘，所产生的核聚变能约等于 1365 桶汽油所含的能量。科学家计算，每升海水大约含有 0.03 克氘，海水中总共含有 45 亿吨氘，足够人类用 10 亿~15 亿年之久。所以有的科学家认为，海水中的重氢(氘和氚)将是解决人类能源危机的最大希望。

当前开发氢能尚存在两大难题，一个是氢气的储存问题，另一个则是氢气的制取问题。氢气在 -252.7℃ 的低温条件下，可以变为液体，这种液态氢可以装在特制的钢瓶里，但是因为液态氢的沸点很低，常温下的蒸汽压力很大，所以在普通动力设备上很难使用。液态氢再加上高压，氢还可以变成金属状态，人们把氢的固体金属和非金属氢化物储存起来，这样使用和运输都比较方便。氢的这种储存方法，是与科学家的努力分不开的，但目前费用仍比较昂贵。

目前制取氢的方法比较多，例如常规制氢法、生物制氢法、太阳能制氢法、原子造氢等。但生产成本都比较高，今后要大量生产氢气，必须努力把成本费用降下来，才能满足作为主体能源的需要。

锂是什么元素？它为什么会成为未来的新能源？

锂在元素周期表上分布在左上角，第二周期，原子序数为 3。锂发现于 1817 年，应用于 20 世纪 50 年代。锂有两个同位素，名叫锂 -6 和锂 -7。它可用于受控热核聚变发电站，熔融的锂将作为一种冷却液用于聚变反应堆堆芯、裂变反应堆堆芯；还可作为氚的一个来源，氚是重要的聚变元素。因为锂 -6 和锂 -7，在能量大的中子轰击下，容易裂变成氚和氚。氘化锂 -6 及氢化锂 -6 就是产生氘—氚热核聚变反应的固体原料。氘化锂 -6，就是氢弹爆炸的炸药。1 千克氘化锂 -6 的爆炸力，相当于 5 万吨烈性炸药。

调查表明，海水中的锂资源是十分丰富的，在全世界的海洋中估计共有 2600 亿吨锂，可够人类使用数百亿年。

氢气的储存

148

　　氢气是一种密度非常小、性质活泼的气体，它飘浮不定，很难储存，因此在使用上往往受到限制。如果不解决氢的储存问题，即使能大量生产氢气，氢能的应用推广也成问题。

　　目前氢的储存方式主要有以下几种：

　　气体变压储存。通常在15个大气压的高压条件下，氢气可以储存在特制的压力钢瓶中，利用这种方法储存氢，首先要造成很高的压力，因此要消耗许多能源，而且由于钢瓶壁厚，容器笨重，因而材料浪费大，造价高。现有高压钢瓶充气压力是20个大气压，一个储氢10标准立方米的钢瓶，其储氢重量只占钢瓶重量的1.6%左右。即使是采用钛合金钢瓶，也不过只有5%的储氢比。况且这种高压容器在搬运时容易发生危险，大量储氢和用氢均不方便，只能在特殊需要的情况下，才能采用这种方法储氢。也有人考虑用地下岩洞做高压储氢，但是密封问题很难解决。

液氢深冷储存。在一个大气压条件下，氢气冷冻至 −252.7℃以下，即变成液态氢。这时氢的密度提高，体积缩小，储存器的体积也可缩小。这对一些特殊用途（如宇航的运载火箭等）的氢携带，是很有利的。但是液氢与外界环境温度的差距悬殊，储存容器的隔热十分重要，同时氢的液化要消耗大量能源，每千克液氢耗能在 49 千焦以上，相当于耗电约 3.3 千瓦·时。此外，制造液氢罐的成本也很高，一般需要真空隔热。

金属氢化物储氢。氢的化学特性很活泼，它可以同许多金属或合金相化合。某些金属或合金吸收氢后，即形成一种金属氢化物，有的含氢量甚至很高，甚至高于液氢的密度。这种氢化物在一定温度条件下会分解，并把所吸收的氢释放出来，这就构成一种良好的储氢材料。从 20 世纪 70 年代开始，金属氢化物储氢越来越受到人们的重视。

其他化合物储氢。各种氢化合物都可看成储氢材料，但是有的化合物不易将氢释放出来，因此不能用做储氢材料，例如甲烷（CH_4）和氨气（NH_3）等。但人们还是努力从这些氢化合物中寻找较易释放氢的办法。

目前氢的储存还存在着一些问题，例如，同样体积的气体氢燃烧后所产生的热量仅有天然气的 1/2，气体氢遇到氧时，很容易点燃引起爆炸；氢同金属接触容易使其变脆等等。这些问题成为科学界亟待解决的难题，有待于科学家们的努力开拓。

常规制氢

150

目前，企业多利用天然气、煤、石油产品作为原料来生产氢气。之所以多采用这些碳氢化合物为原料，而少用水为原料，其原因在于：水分子中氢和氧的结合非常牢固，要把它们分开，必须花费很大力气。例如，必须加热到3000℃左右的高温，才能把水分解成氢气和氧气。这样不仅需要消耗很多能量，而且还必须有耐高温、耐高压的设备。

天然气和煤等都是碳氢化合物，把碳氢化合物同蒸汽放到一起，在高温高压下，依靠催化剂的帮助，就能制得氢气。当然，这里的高温高压，比起加热分解水的高温高压要低得多。

煤通过高温干馏生成焦炭，同时得到一种气体产物——炼焦煤气，从炼焦煤气可以制取氢。这是一种古老的生产氢的方法，而且氢只是一种副产品。同样，石油产品石脑油在加压重整提高汽油产品质量的过程

中，也会获得副产品氢气。

这类方法，都以碳氢化合物做原料，也就是说，仍旧离不开煤炭、石油、天然气等化石燃料，所以算不上是一种有前途的技术。

还有别的方法可以分解水吗？有的，而且过去就有，那就是电解法。水中放一些硫酸，通电，阳极上可以得到氧气，阴极上就能获得氢气。电解法不消耗化石燃料，但是要用电，而且用电量很大，生产1千克氢就要消耗电能57千瓦·时，成本实在太高。只有在电力充足、价廉的情况下，例如核能、太阳能发电技术取得长足进步之后，电解水制氢才有可能焕发青春，为大规模生产氢燃料做出新贡献。

热化学法是1970年才开始进行研究的。这其实也是一种加热直接裂解水的方法，不过不是单纯依靠加热硬把氢、氧分开，而是通过几步化学反应来达到目的，所以又叫分步反应裂解水制氢法。

在热化学法制氢中，不同的化学反应有不同的化合物——如钙、溴、汞、铁、碘、镁、铜等的化合物——作为中间反应物参加，温度各不相同，大都只有几百度，高的才有上千度。反应结束后，中间反应物的数量不变，可以回收循环使用，消耗的只是水。水被分解成氢和氧了，氢是燃料，氧的用途也很广泛。

热化学法如果同核反应堆联系到一起，利用核反应堆的余热来提供所需要的能量，那就可以进一步降低氢的生产成本。

生物制氢

152

　　生物制氢，即人工模仿植物光合作用分解水制取氢气。目前，美国、英国用1克叶绿素，每小时可产生1升的氢气，它的转化效率高达75%。

　　根据目前科学家的研究，制取氢的原料除水外，还可以利用微生物产生氢气。大概在1942年前后，科学家们首先发现一些藻类的完整细胞，可以利用阳光产生氢气流。7年之后，又有科学家通过实验证明某些具有光合作用的菌类也能产生氢气。此后，许多科学家从不同角度展开了利用微生物产生氢气的研究。近年来，已查明有16种绿藻和3种红藻类有产生氢的能力。藻类主要是通过自身产生的脱氢酶，利用取之不尽的水和无偿的太阳能来产生氢气。不妨说，这是太阳能在微生物的作用下，转换利用的一种形式，这个产氢过程可以在15℃～40℃的较低温度下进行。

　　科学家们把具有产生氢气能力的细菌划分为4个类型，第一种是依靠发酵过程而生长的严格厌氧细菌；第二种是能在通气条件下发酵和呼吸的嫌性厌氧细菌；第三种是能进行厌氧呼吸的严格厌氧菌；第四种是光合细菌。

前三类细菌都能够利用有机物，从而获取其生命活动所需要的能量，被称为"化能异养菌"。第四类的光合细菌，可以利用太阳提供的能量，属自养细菌范畴。近年来发现有30种化能异养菌可以发酵糖类、醇类、有机酸等产生氢气，其中有些细菌产氢气能力较强。一种叫酪酸梭状芽孢杆菌的细菌，发酵1克重的葡萄糖可以产生约1/4升的氢气。

在未来的年代，随着科学技术的发展，自然界的各种形式的碳水化合物，都可以转化为廉价的葡萄糖，从长远观点看，这条生产氢气的途径是值得探求的。为人们熟悉的大肠杆菌以及产气杆菌、某些芽孢杆菌、反刍动物瘤胃中的很多种细菌，大都具有不同程度的产氢气能力。在光合细菌中，发现了约13种紫色硫细菌和紫色非硫细菌可以产生氢气，这部分细菌可利用有机物或硫化物，有的在光照下，有的并不一定需要光的照射，经过一系列生化反应而生成氢气。

利用微生物生产氢气，在一些国家曾做了中间工厂的试验性生产，结果令人满意。采用活力强的产气夹膜杆菌，在容积10升的发酵器中，经8小时发酵作用后，产生约45升氢气，最大产氢气速度为每小时18～23升。人们期待着用遗传变异手段大幅度提高微生物产氢气能力，为利用微生物生产氢气尽早投入实际生产和应用创造条件。

太阳能制氢

　　太阳能高温分解水制氢，以及络合制氢等办法，也是太阳能的高级转换和储存。尽管目前太阳能制氢还存在不少关键技术问题有待解决。但它已向人们展现出许多可喜的苗头，引起氢能研究者们的浓厚兴趣。这里仅简要地介绍已知的几种太阳能制氢途径：

　　太阳热分解水制氢。我们知道，水是由氢和氧(H_2O)组成的，而氢和氧又结合得十分牢固，要把它俩分开，就得增加温度。在1000℃的时候，只有很少的水分解，生成氢气和氧气，温度越高，水被分解得越多，产生的氢气也越多。根据这个道理，日本用凹透镜聚焦的原理，把太阳光聚集起来，产生3000℃以上的高温，使水分解，生产大量的氢气。

　　由此说明，在高倍率的太阳光聚焦下，可以获得数千度的温度。水在大约3000℃的情况下可以热裂解，使O—H键"劈开"，生成氢和氧。

当然，实现这种光—热—化学的转变不是一件容易的事，它将涉及到许多中间反应剂和耐高温容器及材料问题。

电解水制氢。这是一种比较成熟的制氢技术。但在太阳能利用方面，则决定于太阳能发电的经济性。在不断降低太阳能发电成本的情况下，采用电解水制氢是完全可能的。

20世纪70年代，当人们研究半导体电极的时候，发现有这样一种奇妙的现象：把氧化钛晶体电极和铂黑电极连接起来，放到水里，就产生电流。后来，人们从这里得到启发，想用这个办法来生产氢气。经过大量的实验，人们用半导体材料钛酸锶做光电极，金属铂做暗电极，连在一起，放进水里，经过太阳照射，果然，钛酸锶电极上放出氧气，铂电极上冒出了氢气。这就是光电解水制氢法。目前，人们仍旧在寻找性能良好的半导体材料，进一步提高光电解水的效率。

还有一种提取氢气的办法，就是先用太阳能发电，然后再用电来电解海水，这个办法也引起科学家的重视。据报道，美国和日本已经决定在太平洋上合建一座这样的工厂。有人估计，一旦这个"阳光—海水"计划实现，有可能解决世界能源短缺的问题。

光催化制氢。人们发现，水在催化剂和光敏剂的影响下，经过阳光照射，也会发生激发光化学反应，生成氢气和氧气。这里，关键是寻找适宜的催化剂和光敏剂，科学家找到二氧化钛和某些含钙的化合物，是很好的光敏剂。

络合制氢。这种方法与光催化制氢类似。只利用金属有机络合物作为光敏剂。络合物可以通过其组成和结构较有效地起到调节功能，更能利用太阳光谱中最丰富的可见光的能量。

原子造氢

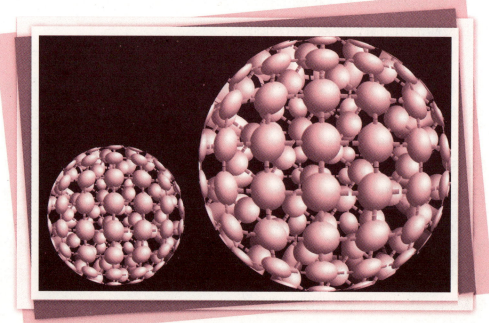

　　有些成熟的制氢方法，如果从经济角度看，实在是太昂贵了，例如电解水制氢，有85％的电能白白浪费掉了，只有15％的电能体现到了氢能中，因此人们不愿用这类方法来制取氢。

　　氢能源要能健康地成长起来，必须获得足够的力量：第一，要从水中制取氢，因为海洋中的水又丰富又易得；第二，制取氢的能源要便宜，价格高了就不可取。

　　在这两方面，科学家们对原子寄予了很大的希望。虽然我们从算细账中了解到，原子电站的有用功系数并不高，只有30％～32％，其余的能量都变成了无用的热，可是人们发现，这个缺点也可以转化成优点。强迫废热生产氢——这就是科学家们的独到想法。他们已经提出了许多方案，都是利用热化学反应。这些反应互相衔接，周而复始地发生，这就是说，氢的生产可以在不危害生态环境的闭合循环中进行。

科学家们设想的过程大致是这样的：由核反应堆向一系列彼此连接起来的化学反应器中送进水及热，反应堆是进口，出口则是输送氢及氧的管道。

目前世界各国已登记了数百份热化学循环专利。其中有的名称很响亮，如叫"马克"、"阿格涅萨"，以及"叶卡切林那"等。苏联、美国、意大利、荷兰、德国、英国、日本等，目前正进行着这方面的工作。利用核反应堆废热的想法，已是非常诱人的事了。要知道，这种原子—氢电站的有用功系数，在理论上可超过70%，而普通原子电站的有用功系数只有30%。

即使除去原子—氢电站自身消耗的电力，其有用功系数还能达到50%～56%，任何汽轮机发电站都没有这样高的指标。

另外，还有可能将原子—氢电站与一系列冶金工厂或化工厂结合起来。如果将制取的氢及氧送进燃料电池中，那这种电站就将只生产电能。我们可以用电力来电解海水或者从海水中提取铀、溴、钾，以及其他贵重物质。当然，上面说的仅是以氢能为基础的几种可行方案之一，还有别的方案。

根据美国科学家的预测，随着天然燃料蕴藏量的减少，人类将进入原子—电化学世纪。海岸旁的大型原子电站将为我们生产电能，电能将用来把海水分解成氢和氧（用的还是电解法，此方法正逐年完善起来，效能越来越高，费用越来越低廉）。

未来，原子—氢电站生产出来的氢能源，将取代石油、煤、天然气等化石能源。

掺氢汽车

在十多年前的科幻作品中，科幻作家设想了21世纪将出现一种液气燃料汽车，称为"环保汽车"。作家有这样一段描述：

"这里是低温燃料加油站，欢迎光临！你只需把车子开进来，将信用卡插进自动柜员机，触按屏幕，输入号码，耐心等待片刻，地面上会突然冒出一只机械手，它打开你的油箱，加油管便开始将-253℃的液化氢汨汨注入，三分钟后，机械手将油箱盖好，倏忽消失。"

科幻作家笔下的这种"环保汽车"已经出现在科学家的试验中了，而且即将进入商业应用阶段。

以氢气代替汽油做汽车发动机的燃料，已经过日本、美国、德国等许多汽车公司的试验，技术是可行的，目前的主要问题是氢燃料太昂贵。氢燃烧产生的热量比汽油燃烧的热量高出2.8倍。氢气燃烧不仅热值高，而且火焰传播速度快，点火能量低（容易点着），所以氢能汽车可以比汽油汽车的总燃料利用效率高 20%。氢的燃烧主要生成物是水和只有极少的氮氧化物，因此不像汽油燃烧时产生一氧化碳、二氧化碳、二氧化硫、氮氧化合物、碳氢化合物、颗粒粉尘等污染物质。可以说，氢能汽车是最理想的清洁交通工具。

现在有两种氢能汽车：一种是全烧氢汽车，另一种是氢气与汽油混烧的掺氢汽车。掺氢汽车的发动机只要稍加改变或不改变，即可提高燃料利用率和减轻尾气污染。使用掺氢 5% 左右的汽车，平均热效率可提高 15%，节约汽油 30% 左右。因此，近期多使用掺氢汽车，待氢气可以大量供应后，再推广全燃氢汽车。

目前，德国奔驰汽车公司已陆续推出各种燃氢汽车，其中有面包车、公共汽车、邮政车和小轿车。以燃氢面包车为例，使用 200 千克钛铁合金氢化物为燃料，代替 65 升汽油箱，可连续行车 130 多千米。

可以看出，目前氢能汽车的供氢问题，是用金属氢化物作为储氢材料，释放氢气所需的热可由发动机冷却水和尾气余热提供。

掺氢汽车可以在稀薄的贫油区工作，它能改善整个发动机的燃烧状况。在许多交通拥挤的城市里，汽车发动机大多处于部分负荷下运行，采用掺氢汽车尤为有利。特别是有些工业余氢（如合成氨生产）未能回收利用，若作为掺氢燃料，其经济效益和环境效益都会显著提高。

ok

从锂电池谈起

　　金属作为能源，已引起科学家们的关注。许多金属在新能源的开发上已崭露头角。例如人们熟知的轻金属锂，就是其中的一种。据估计，1克锂的有效能量最大可达853万千瓦·时，比铀-235裂变产生的能量大8倍，相当于3.7吨标准煤。现代宇宙飞行器和深海潜水探测器特别需要能在无氧条件下燃烧发热的燃料，金属锂就是这一理想能源。

　　锂电池更有独到之处，它重量轻，体积小，功率和能量密度大，无污染。锂电池既为各种现代化的电子设备提供能源，也为大功率的机车驱动、船艇推进提供能源。科学家们认为，锂电池的利用是解决世界能源危机和环境污染的重要途径，发展锂电池生产已为各国所重视。目前美国开采的锂有2/3用于制作锂电池。

　　近年来，人们还青睐一种新能源——金属电池。有一种银基电池，不但具有每千克330千瓦·时的能量密度，而且能提供大电流，在高速飞机、导弹上有着特殊的用途。美国发射的许多宇宙飞船，都相继采用了这类电池。

1981年，美国加州大学劳伦斯国家实验室的库伯和贝伦，在美国电化学会议讨论会上，提出了一项诱人的建议：用铝代替汽油作为汽车动力。他们研制了一种"铝—空气电池"，每千克铝能获取300千瓦·时的能量，可使汽车行驶1.6～4千米。这种新奇的电池已经用在了电动机车上。

研究人员将一般汽车稍加改造，不用汽油，只需放入一些类似饼干的铝合金燃料，就可以使汽车连续行驶2000千米以上。这种厚度为1厘米的铝合金，看上去与一般铝材无区别，但它可以全部转换成电能，用以驱动满载的轿车或卡车。铝合金变成电能的秘密在一个"魔盒"里。这是一个化学电池，铝合金片作为正极，负极则是空气。当正负极电路一接通，铝合金就在电解液中逐步氧化溶解，释放化学能，然后转化为电能。

经专家测定，用于汽车的铝合金电池能产生500瓦功率的电能，它不必每天充电，只要更换一次铝合金，电池就可以重复使用。铝合金在电池中提供的能量，相当于同体积的汽油产生能量的4倍。专家认为，使用铝合金电池的汽车体积与通常汽车动力装置的体积相差无几，因此，汽车的改装或制造，只需做局部"手术"就行了。而且不产生污染物，贮藏和运输十分安全。铝合金燃料不仅可以做汽车燃料，而且还可以用于照明灯具、音响电视、野外生活或作业用具等，用途十分广泛。

第九章　　当今发电新技术

电能是人们十分熟悉的一种能源，也是一种二次能源。

大约在公元前600年，希腊哲学家泰利斯就注意到用毛皮摩擦琥珀后，琥珀可以吸引羽毛、纱线等轻小物体。后来，英国人吉尔伯发现其他一些物体，如用丝绸摩擦玻璃棒也产生类似的现象。吉尔伯把这一现象叫做"电"，在英语中"电"(electricity)这一词来源于拉丁文"琥珀"(electrum)。

对电的研究开始局限于静电。1733年，法国化学家迪弗发现摩擦带电后的琥珀棒和玻璃棒之间，互相有引力，而两根带电琥珀棒(或玻璃棒)互相排斥。由此表明，存在着两种性质不同的电，迪弗称它为"玻璃电"(即正电)和"琥珀电"(即负电)。美国学者富兰克林还发现，当都是带电的琥珀和玻璃棒互相接触后，电消失了，达到了中性平衡。1800年制成"伏特堆"——最早的可连续产生电流的化学电池。

在能源开发利用的历史过程中，人类从发现电磁现象到把电能用于生产实践，经历了漫长的几个世纪。自1831年法拉第发现电磁感应定律并制出第一台电磁式发电机以后，1866年，西门子制成自激式发电机，1879年，爱迪生发明炭丝灯泡，1882年在纽约建成世界上第一座正规的直流电发电厂，1888年，美籍南斯拉夫人特斯拉发明三相感应电动机和交流电传输系统。进入20世纪，设计、材料和制造工艺的进步，推动着电力的生产和应用更加飞速地发展。世界发电量从20世纪50年代初期的956.8亿千瓦·时，增加到1992年的120 267亿千瓦·时，这是继蒸汽机的发明和应用之后进行的第二次技术革命的核心，是近代人类文明发展的一个里程碑。当前，电汽化程度已成为衡量社会文明发展水平的重要标志。

电能的优点

　　电能可由一次能源，如煤炭、石油、天然气、核燃料、水能、风能、太阳能、地热能、海洋能等，通过电磁感应转换而成，也可以通过燃料电池将氢、煤气、天然气、甲醇等燃料的化学能直接转换而成，还可以利用光生伏打效应将太阳能直接转换而成。后两种方式虽然有广阔的发展前景，但目前只占很小部分。不难看出，作为生产电能的一次能源非常广泛。

　　其次，电便于转换为其他能量形式，以满足社会生产和生活的种种需要，如电动力、电热、电光源、电化学能的需要等。

　　如果与其他能源形式相比，电能还具有许多优点：

　　它可以高速度远距离输送，不仅方便经济，其技术设备要求也不高。在一般情况下，电能可以输送几千千米，而热能只能传送几千米。而且电能输送时的能量损耗也比输送机械能、热能小得多。

电能可以直接与其他形式的能互相转换，如通过发电机可以使机械能产生电能，通过热电偶可以从热能产生电能，通过蓄电池可以从化学能产生电能；反过来，经过电动机电能又能转换成机械能，通过电阻器就能转变成热能，通过电介作用又可以转变成化学能，通过收音机的喇叭还能转变成声能。光（辐射）也是能的一种形式，通过光电池可以直接把光变成电能；相反，通过灯泡里的白炽灯丝或者通过气体放电，又可以把电能转变成光能。

电能和机械能之间的相互转换效率高。我们知道，在能量转换的过程中，总有一定的损失。从热能转换成机械能的效率较低，内燃机的效率只有26%～40%，蒸汽动力设备的效率还要低得多。水力发电站中水轮机的转换效率较高，有的可以超过80%。电能转换装置，如发电机和电动机，效率更高，可达90%左右，大型发电机的效率最高的可以达99%。

电能比较“听话”，容易管理。电流的大小和电能的“输停”都可以方便地加以控制。随着现代电子计算机技术的发展，电能就可以被广泛地应用于生产过程的自动化中。

但是，电能是“过程性能源”，不能储存。电能的产生、分配、转换是在同一瞬间实现的，生产的电能必须与同一时间内消耗的电能相等。为了克服这一缺点，人们创建了“电力网”，把许多发电厂连接起来，这些发电厂都向电力网输送电能。当某一时刻，某一地区需要较多的电能时，可以立即通过电力网调配供应。电力网将相距数百、数千千米的发电厂、发电站组成一个统一的整体。

电的世界

　　1831 年，法拉第发现了电、磁、力三者的关系，为电力发展奠定了理论基础。近 300 年来，科学技术的发展都是与电分不开的。19 世纪 80 年代，电话、电灯的发明，以及后来电梯、电车的出现，都是电能为社会进步和人类文明做出的重大贡献。近年来，世界上一些卓越的科学技术成就，如放大 100 万倍、甚至放大 500 万倍的电子显微镜，每秒钟能运算亿万次级的电子计算机，以及所有新兴航天科学技术领域，离开了电能的利用都将是不可思议的。因此，人们把电力的应用看成是社会科学技术飞跃发展的重要物质基础，是继发明蒸汽机之后的一次重大技术革命。

　　电能是人类社会迄今应用最广泛、使用最方便、最清洁的二次能源。自电能开发以来，极大地推动了社会生产力的发展，改变了人类的社会生活方式。目前，人类对电能的使用范围概括起来有如下几个方面：

　　用来照明。电照明是较早开发的电能应用，它消除了黑夜对人类生活和生产劳动的限制，极大地延长了人类用于创造财富的劳动时间，改善了劳动条件，丰富了人们的生活。这为电力的应用奠定了最广泛的社会基础，成为推动电能生产的强大动力。

　　电传动。电传动是范围最广、形式最多的电能应用领域。电动机是冶金、机械、化工、纺织、造纸、矿山、建工等一系列工业部门与交通运输，以及自动控制设备、医疗电器、家用电器的最重要动力机械。各类电动机占去全部用电设备总功率的70％左右。电传动在效率、精度、操作、控制、节能、安全等许多方面都较其他传动方式具有无可比拟的优越性，并且实现了机电一体化和工业机器人的广泛应用，从根本上改变了19世纪以蒸汽动力为基础的初级工业化面貌。

　　电加热。电加热可以直接作用到物体内部，具有加热均匀、热效率高和容易控制等优点。因此，电加热在冶金工业及制造业中成为重要的加工方式。电能在化工领域的应用产生了电解工业、电热化学工业、等离子体化学、放电化学、界面电化学、电池工业等，推动了化工工业的发展。

　　电物理装置。这是电力应用的新领域，各种能级和不同用途的加速器、大功率电脉装置、大功率激光设备、受控热核聚变装置等所需要的电源技术、磁体技术、控制和监测技术等，都促进了电力的利用。

　　总之，电的应用越来越多地渗透到人类生活，越来越广泛地影响社会物质生产。电气化已成为现代化的同义语。

电能开发新技术

　　当今能以工业规模生产的电力有火电、水电和核电三种。被誉为第四种电力的燃料电池发电，也正在美、日等发达国家兴起，并以急起直追的势头快步进入以工业规模发电的行列。

　　大家知道，传统的火力发电是一种间接的发电方式。也就是，利用煤炭、石油、天然气这些燃料燃烧时放出的热能，把水变成水蒸气，再利用水蒸气推动汽轮机带动发电机发出电来。这种经过多次能量转换的火力发电，热效率比较低，一般只有30％左右。就是现代化的火力发电站最好的热效率也只有40％。因此，在传统火力发电过程中，60％～70％的矿物燃料的能量是变成废物跑掉了。提高它的效率就成为能源科学的重要研究课题。

　　直接发电的诞生和发展，为大幅度提高发电效率提供了一条崭新的路子。所谓直接发电，就是把物质的化学能或者热能直接变成电能的一种新型的发电方式。目前，人们正在探索研究的直接发电技术有：磁流体发电、燃料电池、电气体发电、热电偶发电和热离子发电等。从实验来看，除了磁流体发电以外，最有发展前途的是燃料电池。

当今世界，关于发电的各种奇思异想和试验方兴未艾。1989 年，美国加利福尼亚州建立一个燃烧牛粪的发电厂。因为电厂附近有一个巨型养牛场，每天排泄的牛粪堆积如山，美国能源公司于是想到利用牛粪做燃料发电。这家牛粪发电厂每小时燃烧 40 吨牛粪，可发出 1.6 万千瓦的电力，足够供应 2 万户家庭使用。

美国佛罗里达州的一位工程师设计成一种利用步行来发电的新装置，他将这种装置埋在行人拥挤的公共场所的地毯下，上面是一排踏板，当行人踏在上面时，体重压到板上，使之相连的摇杆也被压下，由于摇杆从一个方向带动中心轴旋转，从而带动发电机发电。当许多行人连续在踏板上行走时，摇杆不断被压下，使中心轴不停地摇摆发电。这种装置安装在商场、火车站等处，所发出的电能可以用来照明和驱动电风扇。

汽车重量发电是在马路上铺设 20 块高出路面的金属板，每块板下面再放一只橡皮容器，容器内存满循环水。当汽车在金属板上驶过时，金属板受压将容器内的水高速挤出，高速水流经地下管道通往发电机房，驱动水轮发电机发电。5 吨重汽车压在金属板上，可产生 7.5 千瓦·时的电。纽约市交通要道昼夜通过的汽车高达 4.7 万辆，共可发电 150 万千瓦·时。这种发电方法不耗费燃料，电价要比国家平均电价低 80%。

燃料电池

　　在日本关西电力公司的一个电厂里，有一套奇特的发电设备。它仿佛是长着两张嘴的怪兽，一张嘴不停地吃进燃料，另一张嘴不停地吞下空气，就能直截了当地，而且悄无声响地发出高达 69.715 1 万千瓦·时的电来。这个能发电的"双嘴怪兽"就是燃料电池。

　　燃料电池同普通的蓄电池一样，燃料电池也是把化学能直接转换成电能的电化学能源装置。

　　不过，一般的干电池、蓄电池是把反应物质预先放在电池里，当这些物质在化学反应过程中消耗完了以后，电池就不能继续供电了。因此，干电池、蓄电池不好作为工业电源来用。而燃料电池则不同，它的反应物质是单独存放着，只要把它们不停地往电池里输送，燃料电池就会源源不断地发电。

燃料电池和其他化学电池类似，也是由电解质、正极和负极组成。正极和负极大都是用铁和镍等惰性、微孔材料做成的。从电池的正极那里把空气或氧气输送进去，从负极那里把氢气、碳氢化合物、甲醇、甲烷、天然气、煤气和一氧化碳等气体燃料输送进去，此时，气体燃料和氧发生电化学反应，于是，燃料的化学能就直接转变成了电能，供给人们使用。

近年来，在科学家们的努力探索和研究下，各种燃料电池纷纷问世。按照燃料电池所用的燃料和氧化剂的不同，有氢—氧燃料电池、肼—空气燃料电池、锌—空气燃料电池、甲醇—空气燃料电池、烃—空气燃料电池等。

按照燃料电池的工作温度来划分，燃料电池可以分为三种：一种是低温燃料电池，它的工作温度在100℃以下；另一种是中温燃料电池，它的工作温度是100℃～500℃；还有一种叫高温燃料电池，它的工作温度在500℃以上。

从燃料电池开发的先后秩序来说，第一代燃料电池是磷酸电解质燃料电池，它的工作温度在200℃左右。这种燃料电池已经开始推广应用；第二代燃料电池是高温熔融碳酸盐燃料电池，它的燃料是甲烷或者天然气等烃类，用的电解液是碳酸钠和碳酸钾，有时再加上点碳酸锂，工作温度是500℃～700℃；第三代燃料电池是高温固体电解质燃料电池。目前，技术上比较成熟的燃料电池是第一代燃料电池——磷酸电解质燃料电池，它的燃料利用率是85％以上，电气效率达到了47％。

由于宇航事业的发展，氢—氧燃料电池在载人宇宙飞船上使用的成功，更促进了燃料电池的发展。

磁流体发电

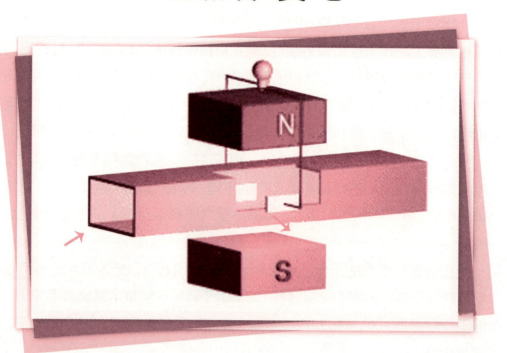

　　磁流体发电，是将热能转换成电能的发电形式，是未来节约能源和减少污染的一种新型发电方式。它的工作原理与传统的旋转式发电机一样，都是基于法拉第的电磁感应定律，即利用导体切割磁力线产生感应电动势的方法。但是磁流体发电机中所使用的导体是高温导电气体，而不是普通电机中所用的那种固体金属导线。

　　磁流体发电机将等离子束（高温下电离的气体，气体中正离子的电荷总数和负离子电荷总数相等，所以称为等离子体）射入磁场，正、负离子在磁场中所受洛伦兹力方向相反；根据左手定则可知，正离子受力向下，而负离子受力向上；因此使上板带负电，下板带正电，上下板间产生电压。如果不停地将等离子体射入磁场，则电器上就会不断地通过直流电。

　　这种发电机不像火力发电机那样，将燃料的化学能→热能→机械能

→电能等多次能量转换，也不存在加热工质损耗能量的现象，所以它的能量转换效率高，很受人们的欢迎。

磁流体发电可以分为许多种类。若以一次能源为标准，大致可分为化学燃料磁流体发电、核燃料磁流体发电两大类。此外，太阳能也有希望成为磁流体发电的一次能源。作为民用电站，磁流体发电能显著提高电站的总热效率，能节省大量的燃料，并且可以大大减少环境污染。因而，磁流体发电如果在未来得到普遍应用，对电力工业将是一项重大的革新。

许多科学家把磁流体发电同火力发电比较，认为它有以下优点：

第一，综合效率高。磁流体发电效率比传统火力发电效率高30％～40％，还可提高到50％～60％，估计将还会提高一些。

第二，排放的废热和污染物质少，对保护环境有利。磁流体发电由于高温气体里掺着少量的钾、钠和铯等物质，能同硫发生化学反应，生成硫化物，在发电以后回收这些金属时，就把硫元素也回收了。再加上它的热效率高，排放的废热少，因此产生的环境污染也很少。

第三，启动比较快。在几秒钟内就能达到满功率运行，这是其他任何发电装置没法相比的，因此磁流体发电可以作为高峰负荷电源和特殊电源使用。所以，在军事上意义重大。

第四，结构简单，建设费用比较低。它因没有高速旋转部件，所以结构比较简单，体积、重量都比较小。

原子电池

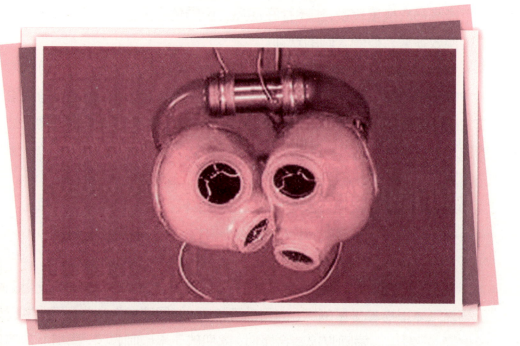

电池是一种日常生活用品，手电筒、晶体管收音机、电动剃须刀、电子手表、公共汽车，甚至心脏起搏器内，都可以找到它的踪迹。平时，人们使用最多的要数化学电池了，它是将化学能转化为电能的一种装置，例如，干电池、蓄电池等。

干电池或蓄电池直接将化学能转换成电能。这种电池由一种或多种化学溶液组成，并且插入两根电极，一个电极释放电子，另一个电极吸收电子，当两个电极用导线连接起来以后，电流便产生了。这种电池内的化学能浪费得较少，不过，由于它的化学物质价值昂贵，如果用制造电池的锌来为整个城市发电，那是得不偿失的，也是不现实的。

原子电池则是比较廉价的能源。原子电池是一种新型的电池，它是一种利用放射性同位素在发出射线的过程中放出的热量，通过热电转换器，使热能转变成电能的装置。与普通的化学电池、燃料电池相比，原子电池具有很多优点，例如体积小、重量轻、功率大、寿命长、性能好、无污染，以及无噪音等。

原子电池一般由四部分构成，最里面的是放射性元素，这是电池的中心，由它不断地发出热量，通常放置的放射性同位素是钚−238、锶−70、钴−60等；第二部分是换能器，它在放射性元素外面，通过它，放射性同位素放出的热能才能变成电能；第三部分是辐射屏蔽层，它将放射性同位素和换能器都包裹在里面，防止射线外泄，造成污染和危害；最外部分是合金外壳，它既能保护电池，又能散发热量。

在原子电池中，换能器是核心部件，目前使用的有两种类型，即静态热电换能器和动态热电换能器。

原子电池的用途十分广泛。第一个可应用的原子电池出现在美国总统的办公桌上，它的重量为1.8千克，在280天内可发出11.6千瓦·时的电，如果用化学电池，它的重量将达到371.5千克。因此，原子电池一出现，就受到了美国总统的赞扬和支持，这使得原子电池的发展十分迅速。

今天，原子电池已广泛地应用于人造卫星、宇宙飞船、南极气象站、深海照明、人工心脏等各个领域。可以预见，随着原子电池性能的进一步提高，以及它的功率的不断加大，它的应用范围还将继续扩大。

微生物电池

176

　　什么是微生物电池呢？它是一种用微生物的代谢产物做电极活性物质，从而获取电能。从研究的进展看，作为微生物电池的活性物质只限于甲酸氢、氨等。科学家用一种叫产气单孢菌的细菌，处理100克分子椰子汁，使其生成甲酸，然后把以此做电解液的3个电池串连在一起，生成的电能可使半导体收音机连续播放50多个小时。当然，这只是试验，但它表现出的前景是令人神往的。

　　21世纪是人类飞向宇宙的时代，在宇宙飞船这样的封闭系统中，排泄物的处理是个必须解决的问题。美国宇宙航行局设计了一种一举两得的解决方案：用一种芽孢杆菌处理尿，使尿酸分解而生成尿素，在尿素酶的作用下分解尿素生产氨，氨用做电极活性物质，在铂电极上产生电极反应，组成了遨翔太空的理想微生物电池。在宇航条件下，每人每天如果排出 22 克尿，就能够获得 47 瓦的电力。

氢燃料电池成为微生物能源的又一种电能形式。利用一种产生氢气能力强的细菌，在容积为 10 升的发酵装置中，每小时所产生的近 20 升氢气，足以维持 3.1～3.5 伏燃料电池的工作。

科学日新月异的 21 世纪，有机废水的处理也与微生物电池发生了密切关系。利用微生物处理有机废水，在使废水无害化的同时，可以把微生物的代谢产物做微生物电池的活性物质，从而获得电能。因此，微生物作为能同时解决公害和能源问题的一种手段，已引起人们的广泛注意。尽管微生物电池的研制尚处在萌芽状态，使用也还只限于一定范围，但是未来的某一天，微生物电池就能够带动马达飞转，为人类创造更多的物质财富。

世界上一些发达国家，正在进行微生物厌氧消化农场废物、生产甲烷、微生物电池的较大规模试验。英国建立了一个用养鸡场的稻草、粪便生产甲烷和微生物电池的自动化工厂。在厌氧消化器中，有三个基本过程：第一阶段，把不溶解的有机化合物和聚合物，通过酶法转化为可溶解的有机物；第二阶段，再将上一步转化成的产物如碳水化合物、蛋白质、脂类、醇等发酵为有机酸；最后由有机酸发酵产生甲烷，进一步利用甲烷生产微生物电池。

雨雪垃圾能发电

　　大自然中蕴藏着巨大的能量。科学家们研究发现，雨、雪、垃圾都能发电。

　　利用积雪发电。积雪的温度是 0℃ 以下，因此雪中蕴藏着巨大的冷能，科学家提出利用积雪发电的大胆设想。它的工作原理是将蒸发器放在地面上，将凝缩器放在高山上，再用两根管子将它们连接在一起，然后抽出管内空气，用地下热水使低沸点的氟里昂（即现代电冰箱所用的制冷物质）汽化，并以雪冷却凝缩器，由于氟里昂的沸点很低，加上管内被抽空，所以它就沸腾起来，变成气体快速向管子的上端跑出，冲击汽轮机旋转，从而带动发电机发电。试验证明，1 吨雪可把 2～4 吨氟里昂送上蓄液器。可见雪的发电本领是十分惊人的。

　　雪的资源极其丰富，地球上 34％ 的国家属多雪地区。中国东北和新疆北部是全国下雪天数最多的地区，每年平均在 40 天以上，积雪日数在 90 天以上。积雪发电的问世，将使茫茫雪原变成人类的发电能源。

利用下雨发电。目前科学家们研究雨能的利用已经获得了成功，它是利用一种叶片交错排列，并能自动关闭的轮子，轮子的叶片可以接受来自任何方向的雨滴，并能自动开关，使轮子一侧受力大，另一侧受力小，从而在雨滴冲击和惯性的作用下高速旋转，驱动电机发电。雨能电站可以弥补地面太阳能电站的不足。即晴天有太阳光时，利用太阳能发电，雨天乌云密布，阴雨蒙蒙时，就利用下雨发电，这样，使人类巧妙而完美地应用太阳能、风能、雨能。

中国南方雨能资源丰富，特别是华东、华南、中南和西南各省的雨水充足，一年四季冰雪期很少，雨季的降雨量一般都比较多，阴雨天可利用雨能发电，艳阳天可利用太阳能发电，所以未来的日子里，无论晴天或阴雨天，人们都可以享受到大自然的恩赐，享受到电能带来的光和热。

向污泥要能源。城市下水道污泥中富含有机物质，其中蕴藏着可观的能量。不少国家已开始利用厌氧细菌将下水道污泥"消化"，然后收集其中产生的沼气作为热源，并将下水道污泥制成固体燃料。

在下水道污泥作为固体燃料的开发与实用化研究方面，欧洲国家居于领先地位。日本东京都能源局利用下水道污泥作为燃料发电的试验也已获成功。日本能源科学家还将下水道污泥利用多级蒸发法制成固状物，所得燃料的发热量为 1.6 万～1.8 万千焦／千克，与煤差不多。目前，许多国家正研究建立一个从污水处理到能源、发电、环保的综合管理体系。

大气压差发电

　　地球表面包裹着一层几十千米厚的大气，据估算大约有 5130×10^4 亿吨，地面上每平方米大约要承受10吨重的大气柱的压力。大气压就是单位面积上所受大气柱的重量。气压随大气高度的变化而变化，海拔越高，大气压力就越小，两地的海拔高差越悬殊，其气压差也越大。此外，气压无时无刻不在变化。例如每天早晨气压上升，下午气压下降；冬季气压最高，夏季气压最低；寒潮时气压突然升高等等。

　　大气压差发电，是指利用地球表面大气压在垂直方向上分布的差异所造成的空气流动动力，来带动发电机发电的发电方式。

　　人们早已知道利用烟囱来增加气压之间的压差了。烟囱的作用就像拦河坝一样，人为地增大了大气压差，造成了空气的剧烈流动。

　　在烟囱的启发下，科学家们设想，如果能利用一定的装置，如风轮机，将这种空气流动所产生的动力转化为旋转力，带动发电机发电，就可以得到一种既卫生、安全，又取之不尽的新能源。

当前，大气压差发电的构想、试验，虽然取得了一定成果，但距实用还有许多问题需要解决，如发电机的功率大小问题，发电机的功率大小与烟囱的高度、直径、形状等密切相关，因为它可以影响空气流动的动力大小。科学家们所做的一系列实验表明：如果把小风车放置在比较低矮的烟囱入口处，风车的转动速度不快，说明空气流动不剧烈；如果把小风车放在比较高的烟囱的入口处，小风车的转速明显加快，这说明气压所产生的气流动能与烟囱的高度直接相关。实验得知，烟囱高度如果每增加1千米，气压将下降10个大气压。其实，这正是烟囱为什么可以拔烟助火的原因和奥秘。

从现在技术条件看，不可能建造1千米高的烟囱，只能从其他方面设法解决增加气压差的问题。从理论上讲，烟囱高度一定，其他条件变化也能引起空气流动速度的变化，这些因素包括：烟囱的截面积大小，即烟囱的直径大小，正是影响空气流动速度的因素；烟囱的内表形状，即内壁是否光滑，以及螺旋状、直槽状或其他形状等；其他因素的影响，如增加底部入口处的温度，也能加速气流的流动。

温差发电

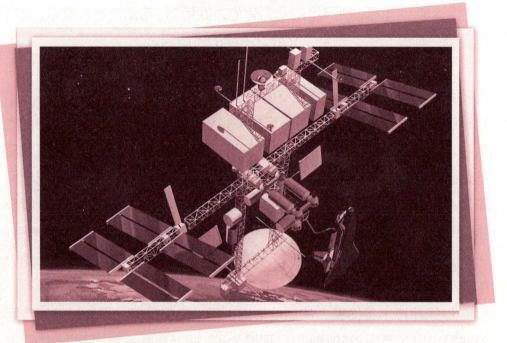

在功能转换材料中，有一些金属和半导体可用于热电转换，这类材料称为热电材料。如果将热电材料中两种金属的两端按一定形式互相连接起来，形成一个闭合电路，并且使两个连接点分别处于不同的温度，那么用仪表测量，就会发现闭合回路中存在着温差电势。

这是为什么呢？根据电子理论的观点，当两种金属A、B接触时，由于这两种金属的电子逸出功（金属电子逸出其表面所需要的最小能量）和自由电子密度（单位体积内的自由电子数目）不同，故做不规则热运动的自由电子从一个方向越过接触面的数目，比从另一个方向过来的要多，这样就使接触面两边的金属分别带正负电，并产生电位差，这个电位差称为接触电位差。当金属A和B的另一端也互相接触时，便形成闭合回路。两个接触面的温度不同，接触电位差也就不同，于是闭合回路中就产生了温差电势，出现了电子的流动。

温差发电机也可以由一块N型半导体和一块P型半导体用金属连接而成。在其一端加热，另一端冷却或维持在原来温度，就会产生温差电势，接上外电路就会有电流通过。温差发电可以用放射性物质、太阳能、核反应堆以及燃料燃烧等作为热源。它具有无噪音、无干扰、工作稳定、维护简便、可长期工作等优点。但它的成本高，能量转换效率低，因此，一般只用于一些特殊场合，例如人造卫星、宇宙飞船、军用小型移动电源、浮标、心脏起搏器、边远地区的无人气象站等。

热电材料不仅用于温差发电方面，还可以将其制成热电偶，用来测量温度。将两种化学成分不同的金属导线的任意一端焊接在一起，就构成一支热电偶。这两根导线称为热电极，焊接的一端称为热端，另一端称为冷端。使用时，将热端置于待测的温度场中，冷端接入仪表，并保持温度恒定（如0℃），根据仪表测得的温差电势，就可以知道热端所在处的温度。

1978年，德国科学家史兰赫提出利用和太阳能气流发电的设想，20世纪80年代，这个设想中电站建成，并取得了成功。太阳能气流电站的装置是这样的：电站中央竖立着一个大"烟囱"，直径10.3米，高200米，重20万千克。在"烟囱"周围，是巨大的环形曲面半透明塑料大棚。当大棚内的空气经太阳曝晒后，温度比棚外空气约高20℃，由于空气有热升冷降的特点，再加上大"烟囱"向外排风的作用，就使热空气通过"烟囱"快速地排出去了，从而使设在"烟囱"底部的气轮发电机发电。这座电站，白天可发电10万瓦，夜间虽没有阳光，但棚内温度高，仍可发电40千瓦，它的发电成本与核电站相近，相当低廉。

余热发电

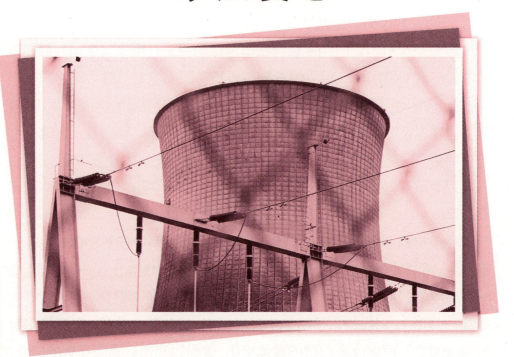

184

　　余热，顾名思义，是工矿企业生产过程中多余的热能。余热利用，就是将这部分多余的热能利用起来，或用以发电，或用做其他工序生产用热，或取暖做饭，用于生活。

　　余热按来源大致可分为以下六种：

　　高温废气余热：各种炉、窑、灶燃烧燃料时产生的高温烟气。这种余热资源数量最大，分布最广。

　　高温产品和炉渣余热：如金属冶炼、熔化铸造、热轧、煤炭汽化、炼焦、石油炼制，以及烧水泥、砖瓦、耐火材料、陶瓷等，最后出来的产品和炉渣都有很高的温度，一般可达好几百度或上千度。

　　冷却介质余热：如加热炉的冷却时产生的蒸汽，电炉的水冷却时产生的热水等。

废气废液余热：如各种蒸汽动力机械的排气，化工、轻工、食品等工业在蒸发、浓缩等过程中产生的二次蒸汽、蒸汽冷凝水和锅炉排污水、纺织、印染等行业排放的废热水等。

化学反应余热：化工部门许多生产过程中都有化学物的放热反应，如生产硝酸、硫酸、合成氨等，这些放热反应有大量余热可供利用。

可燃废气、废液、废料余热：如炼油厂的可燃废气，化工厂电石炉废气，炼铁厂高炉煤气，木材加工厂的废料，造纸厂的黑液，化肥厂的造气炉渣等。

利用不同的余热，可采取不同的方式发电：

中、低压锅炉压差发电：纺织、印染生产过程，需要使用大量低压蒸汽。锅炉多为中、低压锅炉，其产生的蒸汽压力比生产用气压要大，经节流降压后才能送到车间使用。在这种单位可以推广压差发电。由锅炉产生的中、低压蒸汽，先流经汽轮机组，驱动汽轮发电机组发电。由汽轮机出口引出的低压蒸汽送到车间供生产使用，这样，既生产了电力，又满足了生产需要。

烟道余热发电：工厂释放的大量高温烟气，夹带着巨大的热能，可利用烟道余热发电。需增添主要设备是余热锅炉和汽轮发电机组，以及适当的辅助设备。余热锅炉用来生产蒸汽，蒸汽经汽轮发电机组产生电力。高温烟道余热发电，在一些钢铁厂、水泥厂都广泛推广使用，效果良好。

可燃废气发电：在一些炼油厂、化工厂、炼焦厂中往往产生大量可燃废气，利用这些废气可以发电。需添设备为锅炉、汽轮发电机组及相应的辅助设备，将可燃废气引入锅炉做燃料，产生的蒸汽用以发电。原理与一般发电厂相仿，只是燃料不是煤、油，而是厂内的可燃废气。

图书在版编目（CIP）数据

能源工程／李方正主编.—长春：吉林出版集团股份有限公司，2009.3
（全新知识大搜索）
ISBN 978-7-80762-600-8

Ⅰ.能…　Ⅱ.李…　Ⅲ.能源－青少年读物　Ⅳ.TK01-49

中国版本图书馆 CIP 数据核字（2009）第 027874 号

主　　编：李方正
副主编：刘富呈　张俊华
参　　编：葛菲　王德强

能源工程

策　　划：曹恒　责任编辑：息望　付乐
装帧设计：艾冰　责任校对：孙乐
出版发行：吉林出版集团股份有限公司
印刷：河北锐文印刷有限公司
版次：2009 年 4 月第 1 版　印次：2018 年 5 月第 13 次印刷
开本：787mm × 1092mm 1/16　印张：12　字数：120 千
书号：ISBN 978-7-80762-600-8　定价：32.50 元
社址：长春市人民大街 4646 号　邮编：130021
电话：0431-85618717　传真：0431-85618721
电子邮箱：tuzi8818@126.com